事业心是事业成功的前提，责任心是家庭幸福的保障。

DEVOTED TO WORK
RESPONSIBLE FOR FAMILY

对工作要有事业心 对家庭要有责任心

强烈的事业心，引领我们走向事业成功；
高度的责任心，指导我们拥抱幸福人生！

刘云峰 ◎ 编著

中国言实出版社

图书在版编目(CIP)数据

对工作要有事业心　对家庭要有责任心/刘云峰编著.
—北京:中国言实出版社,2011.10
ISBN 978-7-80250-599-5

Ⅰ.①对…
Ⅱ.①刘…
Ⅲ.①职业道德—通俗读物
　②责任感—通俗读物
Ⅳ.①B822.9-49

中国版本图书馆 CIP 数据核字(2011)第 175339 号

出版发行　中国言实出版社
　地　址:北京市朝阳区北苑路 180 号加利大厦 5 号楼 105 室
　邮　编:100101
　电　话:64924716(发行部)　64924735(邮　购)
　　　　64924880(总编室)　64914138(四编部)
　网　址:www.zgyscbs.cn
　E-mail:zgyscbs@263.net

经　　销　新华书店
印　　刷　北京毅峰迅捷印刷有限公司
版　　次　2012 年 2 月第 1 版　2012 年 2 月第 1 次印刷
规　　格　710 毫米×1000 毫米　1/16　14.5 印张
字　　数　180 千字
定　　价　32.00 元　　ISBN 978-7-80250-599-5/B·239

PREFACE

前言

对于现代人来说，工作与家庭几乎占据了我们的所有时间，而一个人的成功与幸福也大多取决于对工作与家庭的担当。因此，对工作要有事业心，才能让人生走向成功，不至于被社会和企业淘汰；对家庭要有责任感，才能保障家庭的幸福，不至于被亲人和家庭所抛弃。

随着社会竞争的日趋激烈和压力的与日俱增，很多员工的内心也变得动荡不安起来。然而，若想将工作做出一番成绩，就必须有一颗强烈的事业心，有将工作做到最好并不断提高自己的欲望。

一位成功的企业家曾说："员工的事业心，是对良知的尊重，是神圣在工作中的体现，是在工作中流露出的优秀品德与人格。"对工作要有事业心，每个员工都应当做到不因位卑而消沉，不因责小而懈怠，不因薪少而放任。其实，要将工作做好也很简单，时刻关注自己手中的工作，并认真完成自己的工作任务，对工作保持高度的激情，勤劳实干便能做出一番成绩，日积月累，成功便会不期然地降临到你的身上。

对待工作我们应当事事敬业，时时爱岗，将事业心铭刻于脑海。无论将来的你会处于什么位置，会从事什么工作，只有有了事业心，才能在工作中体现出自己的人生价值，才能获得更高的职位，更丰厚的薪酬以及更成功的人生。

不过，在全球经济联系日益紧密的今天，我们不仅需要扮演好员工的角色，同时也要扮演好家庭成员的角色。因此，除了对工作要有一分强烈的事业心之外，对家庭也需要承担一分不可缺少的责任。

《论语》中说"治国先齐家"。可见，对家庭承担起应有的责任对我们来说是多么重要！因此，不要再以"我很忙""我实在没空去看望父母""忙得昏头转向的实在没精力陪孩子玩”……为借口，不去承担家庭的责任了。多给父母温情的陪伴，只有亲情才是世上最能解压的良方；给另一半浪漫的惊喜，唯有恋情才是最具激情的向往；多给孩子一些关爱和教育，感受为人父母的喜悦与骄傲；让自己保持健康并不断提升自身素质，在确保家庭未来幸福的同时享受家庭带来的温馨与感动。

然而我们经常看到某某事业有成或是家庭幸福的场景，但要做到既事业有成又家庭美满，并不容易。很多人清楚地知道，对工作要有事业心，对家庭要有责任感，而且搁在某一方面他们都能轻松面对，但是要保持工作与家庭之间的平衡则很难。

工作与生活本就互相补充，互为因果，而且对我们来说都同等重要。工作时积极进取，实现自己的人生价值，走向成功的巅峰；对家庭担负起自己的责任，享受亲情与爱情带来的美好。努力工作让家庭生活更有保障，保证家庭的幸福让事业如日中天。只有掌握了两者之间的平衡，才能让事业走向成功，家庭走向幸福。

本书以平实的语言，简短的案例，让读者在不觉间增强自己的事业心，从而在工作中做强、做久、做成功；增强家庭中不可缺少的责任感，让你在家庭中享受到更多的温馨与幸福。

目录

Contents

上篇 事业心，人生成功的根本

工作是人们用以谋生的一种方式，是人们赖以生存的精神寄托，更是优秀员工执著一生愿意为之献身的信仰。对工作要有事业心，事业心之于工作就好比灵魂之于人类，只有有了事业心，工作才有了美丽的灵魂，才有了充实的内涵；只有有了事业心，员工才能从工作中享受到乐趣，才能让自己的人生更加成功。

第三章　尽职尽责，在责任中扩大你的成功圈

第四章　燃烧激情，用高效来成就你的事业

第五章　勤劳实干，业绩让你更接近成功

第六章　不断提升自己，智慧提升你成功的指数

中篇 责任心，家庭幸福的基础

家庭是为我们遮风避雨的温馨港湾，是荡涤心灵尘埃的清澈山泉，更是幸福者愿意倾其所有用心去维护的美好。对家庭要有责任感，责任感是你失意彷徨时的一剂安抚药剂，是你走投无路时的一个温暖拥抱，是你生活质量的保证，是家庭幸福的基础。勇敢地担负起家庭的责任吧，有了家你才有了拥抱世界的勇气。

第十章　对伴侣负责，享受恋情的浪漫与温馨

第十一章　对孩子负责，享受为人父母的喜悦与骄傲

第十二章　对未来负责，享受憧憬的美好与希望

下篇 保持平衡，工作家庭两不误

工作与家庭对于人们来说，似乎永远是个甜蜜的折磨。之所以甜蜜，因为二者都会为我们带来美好的享受；之所以折磨则因为二者之间总是难以保持平衡，厚此薄彼抑或是厚彼薄此都难以让我们幸福。因此只有保持平衡，才能让工作家庭两不误。平衡是员工家庭幸福的保障，工作顺心的基础。

上　篇　事业心，人生成功的根本

工作是人们用以谋生的一种方式，是人们赖以生存的精神寄托，更是优秀员工执著一生愿意为之献身的信仰。对工作要有事业心，事业心之于工作就好比灵魂之于人类，只有有了事业心，工作才有了美丽的灵魂，才有了充实的内涵；只有有了事业心，员工才能从工作中享受到乐趣，才能让自己的人生更加成功。

第一章　对工作要有事业心，事业心是工作的灵魂

1

工作是优秀员工执著一生的信仰

上帝是否存在我们姑姐不论，但不论你是谁，心中必定都有一个“上帝”，一种可以让你执著一生为其付出的信仰。而对于员工来说，这个“上帝”，这种“信仰”就是我们的工作。只有将工作视为上帝并将其作为一种信仰时，员工才能拥有足够的动力去完成自己的工作并努力做到最好，也只有这样的工作者才能成为一名真正优秀的员工。

> 菲迪亚斯是古希腊著名的雕刻家。一次，菲迪亚斯被委任雕刻一座雕像，而当他完成雕像要求支付薪酬时，雅典市的会计官却以任何人都看不到为由拒绝支付薪酬。菲迪亚斯反驳道：“你错了，上帝看见了！工作是上帝委派给我的，他一直在旁边注视着我工作！他知道我是如何一点一滴完成这座雕像的。”
>
> 2400年后的今天，菲迪亚斯的那座雕像依然伫立在帕德嫩神殿的屋顶上，成为受人仰视的艺术杰作。

菲迪亚斯相信自己的努力一定会被上帝看见，他坚信自己的工作就是一种与上帝同在的信仰，相信自己的雕像是一件完美的作品。菲迪亚斯凭心听神圣，让自己看到了工作的意义。雕像是神赋予菲迪亚斯的伟大使命，他不仅出色地完成了这个使命，而且把使命的意义传达给了众人。

如果你接受了一项工作，就像菲迪亚斯那样去拥抱它吧！你会为你拥有这样的工作而自豪，因为你已经找到了为人类做出贡献的途径。而借由这个途径,你会发现工作的无穷乐趣以及人生的伟大意义。

工作并不仅仅是为了谋生,而应是为了完成心中的某种使命。能将工作当成一种信仰的员工才能足够优秀,如果心中没有虔诚的信仰,你就会有千万个理由来敷衍工作。而人性的本质是懒惰和自私的,唯有超越一己得失,把属于自己的工作做到完美,才能让工作走向成功,才能实现自己人生的价值。

因此,工作就是我们的使命。有了这样的信念,你就会更容易认同你所从事的职业,并且长久地保持工作的热情。马斯洛说:"音乐家作曲,画家作画,诗人写诗,只有如此方能心安理得。"将工作当成人生的一种信仰,心中长存工作的使命感,无论何时都要认真履行自己的职责,即使到了生命的尽头。

黄志全是大连市公共汽车联营公司702路422号双层巴士的一名驾驶员。很不幸,他在一次行车途中突然心脏病发作。让人感动的是,在其生命的最后一刻,他做了三件事:

第一:将车缓缓停在路边,并用最后的力气拉起了手刹制动;

第二:用尽全身力气把车门打开,让乘客可以安全下车;

第三:将发动机熄火,确保车和乘客的安全。

这三件事情完成后,黄志全便趴在方向盘上停止了呼吸。

黄志全只是一名平凡的公共汽车司机。在其生命的最后一分钟里,他所做的一切也并不那么惊天动地,却是对其工作的一种最好的交代。也正是因为他将工作当成了一种信仰,才在生命的最后一刻还能如此沉着。让工作的使命感深植于心,平凡的岗位中照样可以做出不平凡的成绩。

工作不仅仅为了钱或是为了生存,工作还是人类的一种需要,是我们寻找个体价值的一种选择。工作和事业满足了我们自我实现的最高需要。此外,人还需要认同感和满足感,而工作也正满足了人类的这种需要。因此,我们不能拒绝工作,不能拒绝将工作视为一种信仰,拒绝了这些也就意味着我们失去了实现自我价值的机会。

所以，既然工作是上天赋予我们的使命，我们就必须用生命去工作，带着信仰去完成我们的工作。

我们甚至可以说，每个人的工作都是由我们自己亲手制成的雕像，美丽还是丑陋，可爱还是可憎，都由自己创造而来。当你在工作时，能以火焰般的热忱充分发挥自己的特长，那么不论你从事的是什么工作，都不会再觉得劳苦。

事实上，一个员工如果能带着信仰去做最平凡的工作，这个员工也能成为最精巧的人；反之，如果以冷漠的态度去做最高尚的工作，充其量也只能是平庸的办事员。因此，没有体现个人信仰的工作永远都不是工作，这样的员工在工作中根本就没有存在的价值。

2

工作是生命给予的恩典

“乐在工作”简单易懂，但能由衷领悟它并在工作中心生喜悦地“享受”它却不是一件容易的事情。那么，工作对你而言意味着什么？是一份维持生活的薪水，还是一份成就自己的人生事业？

其实，工作就是生命给予我们的恩典，工作给了我们人生更多的机会，赋予了我们人生更多的意义。因此，不要因为暂时的困难、挫折就对工作的意义产生怀疑。当你觉得累了、乏了、无力了，不妨将工作视为一种恩典，怀着感恩的心来开始一天的工作。

工作是生命的恩典，不仅因为工作是我们取得生存最基本的物质条件之一，更重要的是工作是我们实现自我人生价值的途径之一。

我们常说，知识改变命运，但只有将所学的知识应用到工作中，我们

的命运才能得以真正的改变。知识赋予了我们进行各种工作的能力,而生命则赋予了我们工作的机会。而工作的失去,不仅代表着我们的物质生活将出现危机,同时也意味着我们将失去所有的人生体验和恩典。

一次,某乞丐遇到了上帝,并请求上帝满足他三个愿望,上帝答应了。于是乞丐很快说出了自己的三个愿望:他的第一个愿望是要变成一个有钱人,上帝立刻满足了他;成了有钱人后,乞丐又提出了第二个愿望,希望自己能年轻40岁,上帝挥一挥手,老乞丐就变成了20来岁的小伙子;乞丐兴奋极了,于是又向上帝提出了他的第三个愿望:一辈子不用工作,上帝也答应了他。结果,乞丐又成为了路边一个脏老头。他很不解地问上帝:"这是为什么?我为什么又变得一无所有了?"

上帝说:"工作是我能给予你的最大祝福了。想一想,如果你什么都不做,整天无所事事,那是多么可怕的一件事啊!只有投入到工作中,生命才会有活力。现在,你把我给你的最大恩赐都扔掉了,当然就一无所有了!"

也许我们遇到的任何一份工作都不能尽善尽美,但每份工作都一定有着各种不同的魅力。比如说,在工作中结识的能与自己共同体验成长的同事和朋友;曾给予我们帮助、值得我们感恩的客户;不断给予自己机会和压力的领导,甚至是工作中遭遇的失败、挫折和沮丧等,都是我们从工作中才能获得的感受和可以终身受益的财富。

失去了才懂得拥有的快乐,工作同样如此。如果让那些每天抱怨工作无聊无趣又辛苦的家伙们长久不工作,看看会发生什么。

春美从进公司的那天起,就一直在心里抱怨:薪水太少,职位太低,事情太杂,关系太乱。在她眼中,自己所做的事情就不是人干的活。春美最大的梦想就是嫁个有钱人,做个全职太太,不用工作,衣食无忧,每天只负责吃喝玩乐就好。

美貌有时不仅是一种资源,也是一种运气。春美终于实现了自己的理想,成了一位不用再为钱而工作的阔太太。经历了最初的新鲜与刺激后,每天面对几乎同样内容的奢华生活,春美忽然怀念起了当初在公司打拼的日子：虽然辛苦，虽然有时会被主管与同事刁难，但绝对不会感到空虚无聊。回想起来，那时虽然不知道下一次会面对什么工作难题，也不清楚会不会招来别人的暗算，可每天晚上一躺下就能睡得很香甜。反倒是现在的生活让她时不时地彻夜难眠，偶尔还会担心失去眼下的这一切。具体为什么，自己也说不清楚。

做了两年全职太太后，春美还是决定“重出江湖”。她开了一家小而精致的精品屋，原本可以雇一个店员的，但她却坚持自己来打理所有的事项。这样一来，她比以往任何时候都显得忙碌。可这回她不再报怨，甚至还乐在其中。有人问她为什么要自讨苦吃，还以苦为乐，她笑得很开心：“苦吗？我不觉得啊。知道不，工作中的女人才美丽。”

工作能够给人信心，让人的生命更具意义。工作给人带来充实，让人不至于整天无所事事。当今社会，职场竞争激烈异常，每一份工作都得之不易，因此我们必须珍惜每一次的工作机会。如果只知抱怨怀才不遇、伯乐不再，而不能将工作作为一种恩典来对待，就算你有再高的学历、再丰富的专业知识、再强的工作能力，也一定不会有长远和卓越的发展。

哲学家艾弥尔说：“是工作使人生有了味道。”因此，作为人生一项重要内容的工作，工作不应该仅仅只是谋生的手段。有了工作，我们的生活才有了目标，才会在目标的指引下不断前进。如此简单而又深刻的道理每个人都懂，但是在“懂”的基础上，要想真正理解工作是生命的恩典的意义，还应该重新认真审视和检讨自己对工作的态度、对工作的看法、对工作的投入以及对工作的使命感。

一次，小然陪家人在某大型商场购物，在一个皮鞋专柜和专柜导购员有一搭没一搭地聊着天。导购告诉小然说，她在这个品牌的专柜工作已经有三年时间，因为公司老板“目光短浅”、“任人唯亲”，对她的工作能力和业绩别说赏识就连基本的认可都没有。因此她很苦闷，但依然信心满满地说“像我这样正值青春，外形靓丽，学历不低、能力不错的小姑娘，真要想找轻松、体面又有前途的工作还是很容易找到的”。

这时，有位顾客来到她面前，请她拿橱窗里展示的鞋子。这位导购却对顾客的请求视若无睹，仍沉浸在自我陶醉和对工作和老板的牢骚中。尽管客人明显表示不耐烦，这名导购却依然不予理睬。直到她将想说的都说完，才终于转脸对客人说：“这款只是展示品，不外售的。”客人不满地说：“既然只是展示不外售，为什么要摆放？这不是误导吗？你怎么不早点告诉我呢？”这位导购员不以为然地说：“你去问公司好了，公司的安排，我怎么会知道。”

几个月后，小然再次来到这家商场的这个专柜，却没再见到那位满腹牢骚的导购。另一名导购告诉小然说，就在一个月前，公司人事调整时，那位女孩被解雇了。

很偶然，又几个月后，小然在热闹的市中心又碰见了那个女孩。这次，她面色有些沉重，看得出来心情抑郁，没有了上次的踌躇满志。女孩只是简单地说：“因为近期经济不景气，找了几个月都没有找到工作……”然后匆匆道别，要赶去参加一个面试，尽管工作性质与薪水都与前一份工作相差无几，但她依然很珍惜这次的机会，一定不能迟到。

如果在上一份工作中，她能真正明白工作才是生命恩典的意义，正确地认识工作的重要性，不断检讨自己的工作态度，那么她现在不会是如此奔波地去寻找工作，而是愉快地工作，快乐地生活。

人的一生中，可以没有很大的名望，也可以没有很多的财富，但绝不可以没有工作的乐趣。工作是人生中不可或缺的一部分，如果从工作中只得到厌倦、紧张与失望，人的一生将痛苦不堪；令自己厌倦的工作即使带来了“名”与“利”，这种光彩也只是浮云！

3

工作是人生的第一要义

工作是为了实现自己的人生价值，不单单是为了让物质生活过得更好，而且，工作本身就是生活的一部分。一个在事业上有所成就的人，工作对他来说不会是一件苦差事，更不会是一件唯恐避之而不及的事，而会是他快乐的源泉。如果一个人不能从工作中得到快乐，那他的人生也会损失很多乐趣。

现在社会中，许多人工作的唯一目标就是谋生，但这并不妨碍我们从工作中获得成就感。要知道，满足生存和追求快乐也是可以联系在一起的，我们在满足生存不得不进行的工作中，也同样能发现其中的乐趣，让自己变得更有激情。

那么，我们应该怎么样做呢？首先，不管做什么工作，第一就是一定要热爱它。俗话说："干一行爱一行，爱一行专一行，专一行成一行。"其次，在自己平凡的工作中寻找到不平凡的乐趣，让自己快乐工作，才能将工作做得更好。

我们知道，实现目标会让我们感到快乐，即使这个目标并没有什么意义，就像一个人把篮球投入筐中、把足球射入门里一样，因为它是我们经过努力得到的结果，满足了我们的成就感，快乐也就随之而来了。因此，一个善于设立目标的人即使从事很乏味的工作，也会从中感受到快乐。

比如一个接线员，她可以把每天记住多少个电话号码作为目标。当她实现目标的时候，自然会因此感到快乐。同样，我们也可以把增强我们的工作技能、提高我们的工作效率作为目标，这样，我们不仅会感到一时的快乐，还能为将来提供更大的发展空间。

工作是生活的一部分，我们应该尽量把它变得有滋有味才好。因此别再把工作视为一件消耗时光的事，你会从中发现它的美，让自己享受这个充满快乐的过程。

人生来就需要工作，工作是一种需要，任何人都不例外。

有一位超级富翁，事业非常成功，然而他每天依旧很忙碌。人们觉得奇怪，金钱对他来讲，只是一个数字概念了，没必要还如此辛劳呀？他的回答是："钱对我来说不是问题，工作对我来讲则是一种需要。"一个人不能工作，整天无所事事，那就很难找到实现自我价值的途径，而且自己都会感到索然无味，觉得生命失去了存在的意义。

然而很多人都容易陷入这样一个误区，并为此而深深苦恼。他们想有一份自己的事业，想实现自己的人生价值，可是从来都不行动；想成功，想赚很多钱，想建立良好的人脉关系，可是从来都不努力；想健康，想充满活力，想锻炼身体，可是从来都不运动；常常给自己设立目标，制订计划，但是从来都没有执行过……

其实，上面我们说到的种种都是没有事业心的表现。国家体育总局前局长袁伟民说："要想在事业上真正干出名堂来，首要的是有一颗强烈的事业心，以及在这种事业支配下产生的钻劲和出奇的迷劲。"

事业心是做好工作的前提和基础，只有把工作当成自己的事业来做，才会有更快的进步，取得最后的成功。把工作作为自己的事业，说主人话，办主人事，想主人想。

一位著名的企业家说过这样一段话："我的员工中最可悲也是最可怜的一种人，就是那些只想获得薪水，而其他一无所知的人。当今社会，轰轰烈烈干大事、创大业者不乏其人，而能把普通工作当事业来干的人却是凤毛麟角。因为干事创业的人需要有较高的思想觉悟、高度的敬业精神和强烈的事业心。"

工作就是生活，工作就是事业。改造自己、修炼自己，坚守痛苦才能凤凰涅槃。这应当是我们永远持有的人生观和价值观。丢掉了事业心，也就丢掉了工作的灵魂。

4

事业心是做好工作的内在动力

生活中，面对自己的职业，不同的人有不同的态度。一些人在疲于奔命，一些人在应付差事，在这两种状态下，很难想象员工要如何去投入工作，如何去不懈进取，如何能不辞辛苦，如何会最大限度地发挥创造力。缺乏喜和爱的情感，从现实层面的表现来说就是不敬业，从精神和心灵的层面来说则是感觉空虚，没有寄托，得过且过混日子。这无论对于个人还是事业的发展都是消极无益的。只有有了事业心，工作才有了内在动力。

为什么在同等条件下，有的人事业有成，而有的人则碌碌无为？分析现状，问题的关键就是事业心责任感的问题。一位哲人说得好：一个人如果没有事业心，就等于没有灵魂，就会失去生命力和竞争力，势必被社会所唾弃。

巴斯德是法国著名的科学家，他取得了一系列令人羡慕的成绩：他第一个证明了物质发酵是由于一种微生物在起作用；第一个发现了蚕的微粒病，为养蚕业解决了一个至关重要的问题；第一个使用了种痘的方法，使羊群免遭杆菌的侵害，他发明的消毒方法至今仍在被使用。

这一次次成功与巴斯德对科学的强烈事业心有重要关系。在强烈的事业心的支配下，巴斯德将全部精力都投入到了工作中，他的父母和女儿的相继过世使他在感情上受到了沉重的打击。不久，他自己也患了麻痹症，但他仍然从病床上爬起来，钻进了实验室，又开始了对狂犬病的研究，并取得了成功，治好了许多严重的患者，为整个人类都留下了宝贵的财富。

把工作和自己的职业生涯联系起来，为了对自己未来的事业负责，你

就会容忍工作中的压力和单调，觉得自己所从事的是一份有价值、有意义的工作，并且从中找到使命感和成就感。

张瑞敏为什么能够从家电公司副经理的位子上到一家频临倒闭的小厂去当厂长？柳传志为什么能够作为研究所所长却领着几个人从头创业？吴仁宝为什么可以把华西村领导成为天下第一村？是什么动力？因为他们都有一颗金不换、银不换，最最珍贵的事业心。如果我们的企业家都像张瑞敏、柳传志，我们国家的伟大复兴指日可待。

他们的成功源于对事业的执著追求与热爱，事业心使他们达到了忘我的境界，甚至到了废寝忘食的地步。他们都克服了常人难以想象的困难，在自己各自的领域作出了辉煌的成绩。事业心是一种精神，是一种力量，是一种动力。

从某种意义上说，人不是活在物质世界里，而是活在精神世界里，活在理想与信念之中。对于人的生命而言，要存活，只要一碗饭，一杯水就可以；但是要想活得精彩，就要有精神，就要有远大的目标和坚定的信念。

有一年，一群意气风发的“天之骄子”从美国哈佛大学毕业了，他们即将开始穿越各自的“玉米地”。他们的智力、学历、环境条件都相差无几。临出校门，哈佛对他们进行了一次关于人生目标的调查。结果是这样的：27%的人，没有目标；60%的人，目标模糊；10%的人，有清晰但比较短期的目标；3%的人，有清晰而长远的目标。以后的25年，他们穿越“玉米地”。

25年后，哈佛再次对这群学生进行了跟踪调查。结果是这样的：3%的人，25年间他们朝着一个方向不懈努力，几乎都成为社会各界的成功之士，其中不乏行业领袖、社会精英；10%的人，他们的短期目标不断实现，成为各个领域中的专业人士，大都生活在社会的中上层；60%的人，他们安稳地生活与工作，但都没有什么特别的成绩，几乎都生活在社会的中下层；剩下的27%的人，他们的生活没有目标，过得很不如意，并且常常在埋怨他人、抱怨社会、抱怨这个“不肯给他们机会”的世界。

要想在工作中有所成绩，事业心的最重要的表现就是有自己的追求目标。上述案例中的他们差别仅仅在于，25 年前，他们中的一些人知道为什么要穿越“玉米地”，而另外一些人则不清楚或不很清楚。

事业心是一种清楚地知道你要干什么的精神，是一种力量，是一种动力。强烈的事业心可以影响、带动、感染其他人。每个人都需要一颗事业心，不管他从事的事业是高尚还是低微。

5

有事业心的员工拥有更成功的人生

究竟把工作当作事业还是职业，因人而异。事业与职业虽有本质的不同，但它们却是对立统一的。工作中能把职业当成事业，有强烈事业心的员工往往拥有更成功的人生。

一位大学教授对毕业生们说过：“即使你从事的是平凡琐碎的职业性的工作，只要你从中找到了一份独特的乐趣和满足，同样可达到人生的某种意境，在这个境界中有了追求和奋斗目标，同样你也可以把它当作事业来干。”

很多人总在抱怨自己虽有一技之长，却无用武之地。其实，“谋事在人，成事在天”，只要你真是有事业心的人，不是不切实际的空想，能够竭尽全力追求自己的理想，那么，你就一定能达到事业与职业的统一。

在郑州的一场大型招聘会上，一个二十五六岁的女孩在应聘一家国际知名公司的办公文员时，最先被当场录取。而她被录取并不是因为她有着漂亮的外表，而是因为她对未来的追求和强烈的事业心。

面试者说:"她很有事业心,这是我们最欣赏她的地方。她只是问我们能否给她足够大的空间,以后会不会给她较高的位子,比如部门主管。而且她把工作当成自己的事业,而非养活自己的职业,这样对公司长久发展有利的人才我们没有理由拒之门外!"

在我们的生活中,工作占我们一天1/3的时间,是我们人生的重要组成部分。但每个人对工作的定义不同,有的人认为工作是为了衣食住行,是生活的代价,是不可避免的劳碌!而有的人则认为工作是理想的奋斗,是自己一生的事业!

如果在平凡岗位上的我们,以敷衍的态度对待工作,每天被动地、机械地工作,同时不停地抱怨工作的劳碌辛苦,没有任何趣味,那我们的环境会自己变好吗?收入会增加吗?会开心吗?

不会,当然不会!只能永远做等待下班、等待工资、等待被淘汰的"三等人"!

我们左右不了变化无常的天气,却可以适时调整我们的心态。因为人的主观感觉就像一面镜子,你告诉自己:我要努力,我要进取,我要实现我的理想,我要取得事业的成功,我要把握我现在拥有的工作机会,我要努力做好现在的工作,用快乐的心情,迎接我的成功!那么,你的工作过程就一定会是愉快的、开心的、充满激情和希望的。反之,则只会有沮丧和抱怨,拖怠和懒散,工作又如何会做好、做出成绩呢!

有位学者一日在外散步,他看见一个警察愁眉苦脸,就问:"怎么了?有什么事情让你烦恼吗?"警察回答说:"我一天到晚的巡逻只有10美元,这样的工作简直是在浪费时间。"

这时一个灰头土脸的扫烟囱的人走过来,学者觉得他很快乐,就问他:"你一天能有多少收入?"扫烟囱的人回答:"3美元。"

学者又继续问:"一天才拿3美元,你为什么这么快乐?"扫烟囱的人惊讶地说:"为什么不呢?"警察鄙视地说:"只有垃圾才爱干垃圾的工作。"学者严肃地说:"警察先生你错了,他在干着使自己愉悦的工作，但是你却每天被工作奴役着，他的人生一定比你更精彩！”

选择一份自己喜欢的工作固然重要，但怎样为自己的工作寻找快乐更重要。为了对自己负责就该把工作和自己的生命划个等号，就像苏格拉底说过的一句话：“每个人身上都有太阳，只是要让它发出光来。”

我们大都是平凡的人，我们都做着平凡的工作、平凡的事，都处在平凡的工作岗位，而无论我们处于什么岗位，或者做什么工作、什么事，我们都应该有事业心。只有这样，我们才能不至于流于平庸，才会获得人生的成功。

第二章　爱岗敬业，敬业是事业成功的最佳保障

1

爱岗敬业，离你的梦想更近一步

我们经常会听到领导发出这样的感慨：“现在的员工越来越不敬业了，工作时总是漫不经心，一旦犯了错还不能说，要求一严就只会想到辞职……”暂且不论这一说法是否属实，但敬业却是每一个员工都必须具备的一种职业素养。从低层次来说，爱岗敬业是老板付你薪酬的一种交代；从较高层次来说，将工作当成自己的事业来做，是一个员工使命感和道德观的体现，更是事业成功的根本。因此，爱岗敬业从短期来看，是为了实现老板的利益，但从长远来看，你并不是在为你的雇主打工，而是在为自己的梦想打工。

爱岗换来才能，敬业创造收益，有付出就有回报，爱岗敬业的员工往往更容易实现自己的梦想。同样是上班、下班，有的员工总能得到领导的肯定和好评，升职加薪也是水到渠成；有的员工却总是被领导晾在某一个不起眼的角落，甚至直到退休还是只能坐在冷板凳的位置！而让员工走向两极的根本原因就是职场的基本操守之一——爱岗敬业！

所谓“爱岗”就是要热爱你所在的岗位；“敬业”即敬重你的职业。不敬业的员工做事总是拖拖拉拉，只要能找到借口偷懒就会想尽一切办法让自己变得悠闲，还会在心里偷偷乐道：“他们那群傻瓜，看我多悠闲，可我和你们拿的是一样的工资！”

然而，不敬业的员工蛀虫却不明白，这样的“悠闲”最终拖垮的并不是企业，也不是领导，而是自己的工作和前程。

小静是某IT公司的一名高级经理助理，工作非常悠闲。或许正是因为习惯了这样悠闲的工作，进入公司一年多她始终没能让自己变得勤快起来。小静是个很容易满足的人，她没有别人的野心，虽然职位没有任何的升迁迹象，但小静却很“想得开”：“现在这工作清闲，偷懒了也没人知道，每个月到日期领工资就行，不领白不领。”

这天，公司开招标会，所有供应商们都来到了，公司的领导和职员们忙成一团。小静的直属上司也在干着体力活——捧着一大摞标书，一份一份地向与会的人员分发。同事觉得奇怪，这位高级经理不是有助理的吗，为什么还要亲自来发标书呢？

一问才知道，原来这位高级经理的助手小静正有另外一个预案需要处理，因此没能过来帮忙。然而，当同事们走进办公室去休息时，却看到此时的小静正躲在办公室的角落里玩着手机。一个月后，小静被通知解雇。

不敬业的员工总有一种侥幸心理，以为自己偷懒不敬业别人都不知道。其实，不管你有多会隐瞒，有多能装，最后披在狼身上的羊皮终究会被发现。因此，当你在偷奸耍滑的同时，也是在透支着自己的梦想。或许在偷懒的那一刻你心里会有着一丝侥幸没被发现的愉快，然而，心里的担忧同样也是必然存在的——万一被领导发现我在偷懒，被发现我不敬业该怎么办呢？想想这种时时存在的不踏实的感觉，你要怎样从工作中体会到成功与快乐呢？因此，做一个勤勤恳恳的员工吧，为自己赢一分心安，或许你会找到更多的发展机会！

顺子同样是一家私营企业的普通员工，但最近家里发生了一些事情，他必须辞职回家。因此，他提前一个月向上级提出了离职申请。

顺子在岗的最后一个月中，他仍然坚守自己的岗位，丝毫没有懈怠。他仍然像以前一样，比规定上班时间早到，事先做好各项工作准备；当事情较多需要加班时，他也没有半句怨言，每天都会把上级交代的工作保质保量地完成。除了完成自己的日常工作之外，顺子还会主动指导接班的同事，为了让接班的新同事能更快地上手，顺子将自己平常的工作流程和注意事项都整理统计成为了一个电子档案。等到最后快要离开单位时，他向曾经的合作单位一一打好招呼，并将接班的新同事做了一番详细的介绍。直到临走前，顺子还对这位接班的新同事千叮咛万嘱咐：“如果有什么情况发生，有任何问题都可以随时给我打电话。”直到所有的衔接工作都安排妥当，顺子终于放下心来。

顺子所在部门的王经理将这一切看在了眼里，也记在了心里，并将这一切上报了老总。听到自己企业有这么一位即使即将离开还如此爱岗敬业的员工，老总决定在顺子离开之前与他交谈一次。与他交谈后，这位老总发现，顺子不仅对工作非常敬重，其专业技能更是少数人所能比的，于是决定给顺子处理家事的时间，而且期间也享有工资待遇，事情何时处理完何时回来工作，并调任为王经理的助理。

现在职场上很多人始终抱着一种错误的观念：钱是为老板挣的，反正和自己无关。然而，工作却实实在在地是只与自己有关的事情，当你用心去工作了，那么，你的经验和专业技能都得到了积累，自己想要变得更加优秀的愿望也在一步步实现。因此，当老板给你锻炼的机会时，千万不要认为这是老板在刁难你。用心去思考而不是把问题丢给老板，你会离梦想更近一步。

白庄远是个很有理想的员工，从工作的一开始他就给自己立定目标，一定要成为一个能独当一面的项目经理。

白庄远平常工作非常用心，他所在的项目组经理也将他的一切努力都看在眼里，因此，很多时候经理总会有意无意地给他指点。一次，经理将一个项目交给了白庄远，并交代由他全权负责。可是，项目刚交代下去没多久，白庄远又敲开了经理的门：“经理，这个项目目标的定位不太清楚，你能给我点意见吗？”经理脸一沉，说道：“在跑来问我之前，你对这个项目目标定位做过什么？”白庄远低头片刻，马上反应过来：“我知道该怎么做了。”

于是，白庄远马上开始收集资料研究项目，几天后将实现该项目目标的方案交给了经理，经理终于频频点头，微笑着说："小白啊，我终于没有看错你，继续努力！"

一般说来，没有哪个上级会不愿意员工提问，但前提是在提出疑问之前你必须经过了自己的思考，而这正是员工爱岗敬业的一个重要表现。

总之，选择了一份工作就要兢兢业业地尽到自己的职责。有敬业精神的员工才能得到老板的赏识，才能让自己的能力在不断的磨练中变得强大，才能让自己离梦想更近一步。

2

忠诚于你的职业是敬业的根本

忠诚是发自内心的真实情感，它不讲条件，更不会刻意去要求回报。毫不夸张地讲，忠诚是一切事业的基础。一个人连对企业、对工作、对自己都不忠诚，又怎么可能取得事业的成功？

一个人无论在职场处于何种位置，老板也好，员工也好，都离不开忠诚。老板对员工忠诚，会获得员工的拥护，企业的凝聚力与向心力就能得到加强，而这恰恰是一个企业得以生存与发展的根本。毫无疑问，一个具有强大凝聚力的企业就是一个拥有超级竞争力的团队，在市场竞争中，这样的团队是战无不胜的。

一个忠诚的人也是一个值得信任的人，他的忠诚将会成为他的品牌，成为他事业上最强大的基石，助他成功。

林海燕是广东省某个彩票卖点的普通员工，虽然工作内容简单而无趣，但她总是每天都坚守在自己的岗位。

有一天，一位常来林海燕所在卖点买彩票的先生给她打来电话，说自己在外地出差并委托她代买707元的彩票，等出差回来就把钱还给她，而且即使一注都没中也不会责怪林海燕。于是，林海燕真的为这位先生随机买下了707元的彩票。

没想到的是，林海燕为这位先生随机买的彩票却中了大奖：518万元。人们纷纷向林海燕表示祝贺，羡慕不已。然而，出乎所有人的意料，林海燕马上就给那位先生打去了电话，告知了此事，并催他赶紧回来领奖。那位先生接到电话后，一怔，以为是林海燕与他开玩笑，因此并没有在意。等他出差回来给林海燕还707元钱的时候，却见林海燕将一张彩票放到了他的手中："先生，您的彩票，赶紧去兑奖吧！"

林海燕的行为感动了这位获奖的先生，也感动了全中国的人，她的诚信品质也为她的事业打开了一条坦途：以她的名字命名的彩票销售连锁店开得越来越多了。人们都纷纷去她的店里买彩票，因为她是一个值得信任的人。林海燕的事业做得越来越大。

我们每个人的一生注定有很大部分时间是在工作中度过的，工作的成败其实也就决定了事业的成败，人生的成败。一个没有忠诚度的员工，相当于失去了阳光的心志，又怎么可能在工作中取得成功呢？

忠诚如此美好，可现实中却总有一些视忠诚如粪土的"聪明人"，他们对所有人都毫无忠诚可言，做人更是两面三刀，为了一点蝇头小利，不惜出卖所有人。时间一久，原形毕露，便成了"过街老鼠"。最后的结果是：失去了领导的信任，同事的信任，部下的信任。可想而知没有人会相信这样的人能够取得事业的成功。

缺乏忠诚而频繁跳槽的员工，无论从个人资源还是工作能力来看，他只会不断贬值。只有对职业忠诚的员工不会为自己的名誉而担忧，因为忠诚足以给他们带来满足和尊重，而名誉及财富虽不是他们的最终目标，却终会唾手可得。因此，忠诚是我们做好工作的基础。

3

敬业需要对工作投入100%的热情

对于职场人来说，热情就如同生命一样重要。拿破仑·希尔博士说："要想获得这个世界最大的奖赏，你必须拥有过去最伟大的开拓者所拥有的将梦想转化为现实的献身热情，以此来发展和销售自己的才能。"成功的人和失败的人在技术、能力和智慧等方面的差别通常并不很大。而且就算两个人各方面条件都差不多，具有热情的人将更容易如愿以偿。因为从某种程度上说，热情比智慧更重要。凭借热情，你可以把工作变得生动有趣，使自己充满活力；凭借热情，你可以释放出巨大的潜能，发展自己坚强的个性。

成功大师卡耐基认为："对工作热情的人具有无穷的力量。"亨利·福特说："我喜欢热情的员工，他的热情会激发顾客的热情，这样生意就做成了。"艾柯卡说："对任何事都热情的人，做任何事都会成功。"

如果你不能使自己的全部身心都投入到工作中去，你无论做什么工作，都可能沦为平庸之辈。

工作态度是衡量一个员工是否敬业的重要标准，假如一个员工连基本的工作态度——热爱本职工作、积极主动、有责任心、干事不拖拉都没有的话，他又如何能对本职工作尽职尽责呢？一项调查显示：43%的经理认为工作态度不好最容易被解雇。

现代职场风云变化，跳槽、兼职等成为了职场收听率最高的几个词，另外一个词虽然大家并不常说，但它体现的正是职场残酷性的一面，那就是"被炒鱿鱼"。任何一个在职场的人都不想让老板炒了自己的鱿鱼。但是现实中，总有5%～10%的人会遭到解职，伤心地离开公司。

那么，是什么让你失去了这个工作机会？是什么让你的公司对你做出这种无情的决定？是绩效考核不达标？工作态度不端正？影响团队的建设？与公司文化不符？还是经常违反公司的规定？在你接到公司要和你解除劳动合同通知的时候，有没有考虑自己是否尽力了？所以，无论是从公司还是员工的角度来看，懒惰、拖延等消极的工作态度都是不可取的，它们不仅会使工作平庸，有损于公司利益，而且还会使员工遭到解雇。

成功与其说是取决于人的才能，不如说取决于人的热忱。这个世界为那些真正具有责任感和自信心的人大开绿灯，到生命终结的时候，他们依然热情不减当年。无论出现什么困难，无论前途看起来多么暗淡，他们总是相信能够把心目中的理想图景变成现实。

谢勤很不满意自己的工作，他忿忿地对朋友说："我在公司里的工资是最低的。并且，老板也不把我放在眼里，如果再这样下去，有一天我就辞职不干了。"

"你对公司的贸易情况熟悉吗？把电器贸易的窍门完全弄清楚了吗？"他的朋友问他。

"没有，我懒得去钻研那些东西。"谢勤漫不经心地回答他的朋友。

"我建议你先静下心来，抱着积极的态度，认认真真地对待自己的工作，把他们的贸易技巧、商业文书和公司情况完全搞通，甚至包括签订合同，之后再作决定，你可能会有许多收获。"

谢勤听从了朋友的建议，一改往日散漫的习惯，开始积极地投入到工作之中；下班后还常常在办公室里研究商业文书的写法。

半年后，他和那位朋友又聚到了一起。"你现在大概都学会了，是不是又准备推桌子不干了？"那位朋友问他。

"可是，这几个月来，老板对我刮目相看。最近，更是委以重任，又升职，又加薪，我都快成了公司里的红人了。"谢勤对他的朋友说。

"这种情况，我早就料到了。"他的朋友笑着说，"当初你的老板不重视你，是因为你在工作中自由散漫，敷衍了事，又不努力

学习。现在,你工作态度这么积极,担当的任务多了,能力也强了,当然会令他刮目相看了。”

热情洋溢的工作态度对职场的影响是巨大的,没有一个人愿意与整天萎靡不振的人交往。同样,没有一个公司愿意招聘一个整天提不起精神的人,更没有一个老板愿意重用一个情绪低落、整日牢骚满腹的员工。

热情是实现愿望最有效的工作方式。对工作投入100%的热情,比对工作投入100%的智慧更有效果。因为有热情就能激发潜能,有热情就能全身心地投入,有热情就能干劲十足、精力充沛,有热情就能神情专注,有热情任何事都变得轻而易举。热情让人更自信。热情让人更勤奋,热情让人激情勃发,青春永驻……热情是做好工作的重要支撑,热情是走向成功必不可少的动力之源。只要你对工作投入100%的热情,你一定会得到100%的回报。

在新特拉特福为克里米亚战争举办的晚宴上,在场的人们做了一个游戏:军官们被要求,在各自的卡片上秘密地写下一个人的名字,这个人要与这场战争有关,并且还要认为此人是在这场战争中最有可能流芳百世的人。结果每一张卡片上都写着同一个名字:“南丁格尔”。她成了那场战争中,赢得最高名声的女性。

在这场战争中共约有50万人死亡,英军的损失也很大。大多数士兵不是阵亡,而是因饥饿、营养不良、卫生条件差而死于其战伤。此时弗洛伦斯·南丁格尔便率领38名护士奔赴前线展开了护理工作。在几个小时内,成百上千的伤员从巴拉克战场上被运了回来,而南丁格尔的任务就是要在这个痛苦嘈杂的环境中,在最短的时间内把一切弄得井井有条。因为很快,将会有更多的伤员从印克曼战场上被运回来。

假如什么事情也没有准备好,那么她需要从头安排一切。而当各种事务都在有序地进行时,她自己就会去处理其他更危险、更严重的事情。在她负责的第一个星期里,有时她要连续站立20多个小时来分派任务。

一位和她一起工作过的外科医生说："南丁格尔的感觉系统非常敏锐，我曾经和她一起做过很多非常重大的手术，她可以在做事的过程中，把事情做到非常精准的程度……特别是在救护垂死的重伤员时，常可以看见她穿着制服出现在那个伤员面前，俯下身子凝视着他，用尽她全部的力量，使用各种方法来减轻他的疼痛。"

一位士兵回忆道："她和一个又一个的伤员说话，向更多的伤员点头微笑，我们每个人都可以看到她那亲切的身影，最后满意地将自己的脑袋放回到枕头上安睡。"另外一个士兵也说："在她到来之前，我们那里总是乱糟糟的，但在她来过之后，那儿圣洁得如同一座教堂。"

正因为此，南丁格尔被人们誉为"护理学之母"，她创立了真正意义上的现代护理学，使护理工作成为一种受人尊敬的社会职业。

同样一份工作，同样由你来干，有热情和没有热情，结果是截然不同的。前者使你变得更有活力，工作干得有声有色，创造出许多辉煌的业绩，使老板对你刮目相看。而后者，使你变得懒散，对工作冷漠处之，当然就不会有什么发明创造，潜在能力也无所发挥。

工作不是一个关于干什么事和得到什么报酬的问题，而是一个关于生命的问题。正是为了成就什么或获得什么，我们才专注于什么，并在那个方面付出精力。从这个本质的方面说，工作不是我们为了谋生才去做的事，而是我们用生命做的事，要做好工作，就一定要培养热情工作的习惯。

明白了这个道理，并以这样的眼光来重新审视我们的工作，工作就不再成为一种负担，即使是最平凡的工作也会变得意义非凡。

4

敬业的最大受益者是自己

职场中有不少员工抱有这样的想法:为企业打工,是为老板赚钱。反正到头来还是为别人干活,又何必那样拼命呢?工作能过得去就行了,多一事不如少一事,交得了差就可以了,反正公司也不会因为我而亏了,就算亏了,又不用我负责。

其实,这样的想法和做法完全是一种不负责任、缺乏敬业精神的表现,而且是鼠目寸光,损人不利己。换句话说,这样的意识对企业,对自己都没有任何好处。这种极端自私的想法看上去聪明,其实却是最愚蠢的,因为他们不明白:自己才是敬业的最大受益者。敬业不只是对企业负责,对本职工作负责,更是对自己负责,对自己职业生涯负责。

伯利恒钢铁公司的老板齐瓦勃就是一个因自始至终敬业而大获成功的典型。家境贫寒的他,15 岁便背井离乡出外谋生。在一个农场当了三年马夫之后,他到了一家建筑工地打工。这工地属于钢铁大王卡内基的产业。从进工地的第一天起,齐勃瓦就下定决心,要做就做最棒的。当其他工人吹牛聊天或在大发牢骚时,齐瓦勃却躲在一边抱着书本啃有关建筑专业的知识。

一次休息时间,经理临时下到工地检查工作,发现其他工人都在闲聊,只有齐瓦勃一人在津津有味地看书。经理觉得有些奇怪,便上前去瞧他在看什么,随手又翻了翻他做的笔记,然后一言不发地离开了。第二天,经理派人把齐瓦勃叫到办公室,问他学那些有什么用。齐瓦勃没有正面回答,而是反问经理,公司是不是缺少有经验懂技术的技师与管理人员,经理点头称是。

没过多久,齐瓦勃就升为了技师。有些工人眼红,私下便挖苦他。齐瓦勃不以为意，说出了自己的心声："我不是为老板工作，我是在为自己的梦想与前程工作。我创造的价值要超过我的薪水，这样老板才会给我机会。"凭借这份执著与信念，齐瓦勃比谁都更敬业，也比谁都走得更快。短短几年，齐瓦勃就从技师升到了总工师的位置。25岁时，便出任了这家建筑公司的总经理。

很快，齐瓦勃又被琼斯发现。琼斯是卡内基钢铁公司的二号人物，既是卡内基的合伙人，又是钢铁公司的总工程师。在公司建设一家大型钢铁厂时，琼斯发现了齐瓦勃异乎寻常的敬业精神与管理才能。等到工程完工后，琼斯便让齐瓦勃当了自己的副手，负责管理全厂事务。两年后，琼斯因事故罹难，齐瓦勃接任厂长一职。齐瓦勃负责的钢铁厂很快就成为整个卡内基钢铁集团公司的核心企业。几年之后，齐瓦勃便出任整个集团公司的董事长。

一人之下，万人之上的齐瓦勃依旧是无比敬业，并没有停止向前迈进。在董事长一职上，他更加熟悉了钢铁企业运作的种种要求，以及对内对外的管理经验。最显著的一个例子是，在担任董事长的第七个年头，他成功协助卡内基与大财阀摩根合作，并重挫对方的傲慢，为卡内基赢得了利益与尊严。在对整个钢铁企业了若指掌后，齐勃瓦选择了自己创业，成立了伯利恒钢铁公司，并且创下了非凡业绩。

有时候，敬业带来的收益也许不会立即显现，但时间一久，终将获得丰厚回报。而且有一点可以肯定，任何一家企业，任何一个老板都喜欢敬业的员工。反之，老板与企业最讨厌的就是那种缺乏敬业精神，没有职业操守的员工。因为他们的散漫、马虎与不负责任的情绪，不仅让自己的本职工作无法做到位，而且还会影响并带坏其他员工。

表面看来，敬业是为企业，但最大的受益者还是自己。工作的过程，其实就是一个自我提升的过程。工作其实也是一种学习，如逆水行船，不进则退。如果不能在工作中完善自己，同样会掉队。所以说，每件工作，

每次任务都是一次自我提高与完善的机会，也是一次重要的职业发展机遇，必须要全力以赴。一个敬业的员工，其实就是一个对自己工作全力以赴的员工。

与此相反，如果工作不用心，甚至认为自己是在受剥削，是在给老板打工，对任何事情都敷衍了事，其结果只能是卷铺盖走人。可以肯定地说，一个没有敬业精神的人，一个不懂得珍惜工作机会的人，一个把工作视为负担的人，是没有前途的人，他的行为实际上是在葬送自己的成功与前程。

一个人要想在职场上取得成功，就必须改变自己对工作的态度，无论做什么事情，都务必竭尽全力。因为一件事情的意义绝不只是事情本身，它往往能决定你日后更大事业的成功。重视自己的工作，对工作认真负责，你就会发现自己是最大的赢家。在任何时候，你都应该记住：敬业的最大收益人就是你自己。

5 把敬业培养成为一种习惯

好习惯是人生的一笔宝贵的财富，就像知识技能一样，是别人无法掠夺的财富。养成了一个好习惯，就有可能改变人的一生，敬业就是这样一种好习惯。

有敬业精神的人常见，把敬业当成习惯的人却少见。但少见并不代表没有，如果留意一下职场成功人士，或我们身边那些事业有成的亲戚朋友，就会发现他们都有一个共同的特质：敬业。他们无论从事哪种职业，都能比一般人做得更加出色，因为他们比别人更投入，对工作更加上心，更加负责。

爱迪生在解决工作难题时，几乎是废寝忘食，甚至“霸道”到禁止助手与家人谈论与自己工作无关的事情。“世界最伟大的推销员”吉拉德，别人用餐过后付小费就完事，他却会多留一盘名片给服务生，请他们帮忙散发给其他用餐顾客；看比赛时，别人扔鲜花，扔矿泉水瓶，他扔的却是自己的名片，任何时候他都没有忘记过自己的工作。

美国标准石油公司第二任董事阿基勃特刚进公司时，只是一名毫不起眼的普通小职员。可是没过多久，这个没人注意的“小虾米”就因为“特立独行”跳入大家视线。

进标准石油后，阿基勃特就以成为公司一员为荣。但凡签名，他都会在签名下方，写上一句广告语：“每桶四美元的标准石油”。不管是住旅馆登记，还是给亲友写信，甚至是签收借据，无一例外。因此，他得了个“每桶四美元”的绰号。

后来，这绰号被当成笑话，传到了公司董事长洛克菲勒的耳中。出人意料，洛克菲勒不仅亲自接见了阿基勃特，还邀请他共进晚餐，并且把他立为敬业员工的典范，号召公司所有职员向他学习。敬业的阿基勃特越来越展露了他卓越的工作才华，最后一步步从最基层上升到了公司高层，直至接任退休的洛克菲勒，出任公司第二任董事长。

养成敬业的习惯，或许不能马上带来立竿见影的成功。可是目光放长远一点看的话，它终将会给自己带来丰厚回报。对工作养成敬业习惯，就能对工作始终保持尽力、尽心、尽责的状态，就能从工作中获得比旁人更多的机会，学到更多的工作技能，更容易适应这个竞争激烈的社会，并受人尊重。

把敬业当成习惯的员工，从来都是实际行动者。他们几乎很少提到自己如何敬业，对企业如何忠诚。他们敬业与忠诚，都实实在在体现在工作中，用具体的工作业绩来说话。通用公司的前首席执行官伊梅尔特就是这样一位敬业的员工。

当时伊梅尔特还只是负责公司的电气医疗系统业务，虽然很尽力了，但业绩却一度非常糟糕，以至于公司高层把他找去谈话。同时暗示，一年之内如果状态不能回升的话，后果将很严重。伊梅尔特没有做任何辩解，更没有去找各种客观理由为自己开脱，而是表示如果一年之后，业绩还是上不去的话，他将主动辞职。当然，结果不说大家也能猜得到。凭借那份敬业的执著，伊梅尔特千方百计寻求突破，一年之后打了个大的翻身仗，业绩直线上升。伊梅尔特不仅没有离开通用，而是通过自身努力，最后坐到了首席执行官的位置。

敬业是种好习惯，而习惯则是可以培养的，那么我们该如何去培养敬业的习惯？

"业精于勤"，无论在什么岗位，干一行爱一行，还得精一行。勤奋工作的同时，还需要多思、多想，多利用业余时间来充电，多阅读与本职工作有关的书籍和资料。争取做到精通所在岗位的方方面面，了解工作中的每一个细节内容。知己知彼，百战不殆。

有一个叫辛齐格的演员，长期以来一直在一出舞台剧中出演受难的耶酥。他忘我的境界常常让观众不觉得是在看演出，而仿佛感觉到是真的耶稣在台上受难，大家都惊叹他高超的演技。

有一次，一对夫妇在观看完演出后，来到后台找辛齐格合影留念。合完影后，丈夫回头看见了辛齐格表演时背负的那个舞台道具，一个巨大的木十字架。丈夫一时兴起，来到十字架边，对妻子说："我也来扮演一下耶酥，你帮我拍张照。"

当丈夫费劲想把十字架背起来时，才发现那根本不是道具，而是一个真正橡木做成的沉重十字架。使尽全力之后，丈夫气喘吁吁地放弃了。他一边擦着汗水，一边问辛齐格："道具不是假的吗，难道你每次都背着这么重的东西演出？为什么啊？"

辛齐格回答："是的，如果感觉不到十字架的重量，我就无法真正演好这个角色。在舞台上我就是耶稣，这和道具没有关系。"

舞台上没有道具，职场上更没有道具，要做好工作，就必须付出百分百的努力。正如李嘉诚所说："我在创业初期，靠的不是运气，而是工作、是辛苦，靠的是工作能力赚钱。要想成功，你必须对你的工作、事业有兴趣，更要全身心地投入工作。"

汤姆·布兰德，起初只是美国福特汽车公司一个制造厂的杂工。然而他却凭借着勤奋与敬业，一路打拼，32 岁时就升任到总领班的职位，成为福特公司成立以来最年轻的总领班。

养成敬业的习惯，需要在每件工作中都百分百投入，全力以赴。每次工作都能做到全身心投入，所有的事情都要求自己做到最好，并且随着习惯的养成，那么工作想不出色都难。

如果我们自认为敬业精神不够，那就应趁现在强迫自己敬业——以认真负责的态度做任何事！一段时间后，你的敬业精神就自然会变成一种习惯，而习惯将改变你的命运！

第三章　尽职尽责，在责任中扩大你的成功圈

1

在其岗就要谋其责

文人说“在其位谋其政”，老百姓说“经得起手，就要负得起责”，说的其实都是同一个意思：不管做什么事情，都要尽心尽责。工作中，如果每个员工都能做到“在其岗谋其责”，那么这个企业的发展前途将无可限量。同样，这样的员工的职业生涯也会光明似锦。

工作就意味着责任，世界上没有不必承担责任的工作。一个不懂得负责且没有任何责任意识的员工，是不可能把工作做好，也不可能真正为企业带来效益的。

责任伴随着一个人事业发展的全过程，害怕承担责任的人是永远不可能担当重任的，英国前首相丘吉尔有句名言：伟大的代价就是责任。对于职场人而言，事业的成功也是责任。

金融危机下，裁员成了许多企业不得已的应对办法。阿珍与小美恰好都在“经济寒流”重灾区的金融系统任职。俩人几乎是在同一天接到上级主管的通知，她们都在第一批即将被辞退的员工名单之中。按相关法律规定，一个月之后，公司将正式辞退她们。得知消息，俩人的心几乎都沉到了谷底。

郁闷了几天之后，小美很快就“痊愈”了，有说有笑，仿佛什么事情都没有发生。可事实并非如此，大家都瞧得出，小美外表满不在乎，其实心底却是忿忿不平。虽然有些话听上去像是同事不经意间的相互玩笑,但其中有许多话却是话中有话,含沙射影地指责别人或抱怨自己受到的不公待遇,时常弄得别的同事与领导下不来台。更过分的是,小美得知要被裁后,干脆豁出去了。工作上“身在曹营心在汉”,能混则混,甚至不顾职场规则,公然用单位的电脑网络上招聘网找工作。工作不上心、不负责,结果给其他同事带来了许多不必要的麻烦,这让别的同事反感极了,巴不得这个牙尖嘴利、说话夹枪带棒的家伙尽快离开。

相反,阿珍话虽然比从前少了,可工作却仍然像往常一样认真负责,甚至做得比以前更好了。除非别人问起,否则她从不主动提自己即将离开的事情。就算谈起,她每次都说是自己做得不够好,能力欠缺,是自身原因,不是公司的问题。很多同事都深感惋惜,就要失去这样一位善良的好同事。阿珍却反过来安慰别人,说自己会尽量做得更好一点,给大家留下一个好印象,将来再见时大家还会是好朋友。有时阿珍也会开玩笑说,哪怕自己离开了,也要带走大家的心,让大家想着自己、念着自己。

月末那天,阿珍处理完手边最后工作,才开始收拾私人物品,准备离开。此时人事经理把她叫去,公司高层经过考虑,她可以留下继续在公司上班。这很让阿珍感到意外,原来这最后一个月里,包括她的主管在内,都在向上反映阿珍是位难得的好员工。她认真敬业,在明知要离开的情况下,仍旧是尽心尽责去做好每件工作,这非常不容易,希望上司能慎重选择。这些意见反映到了老板那儿,最终阿珍得以留任。

漠视责任,玩忽职守,不仅会给别人,给企业带来危害,也会对自己造成不良后果。每个人都应该将责任意识深植于心,因为有了责任意识,我们才能让自己的表现更加卓越,而越卓越所需承担的责任也越重大。

甘将军驻守边境,骁勇善战,用兵如神,为国家立下了不少汗马功劳。于是君主给了他很多奖赏,他的财富很多很多,权力越来越大。

军队里的士兵们都羡慕不已，一个个都想成为像他那样的将军。但甘将军似乎并不快乐。

有一天，一个士兵看他闷闷不乐，便问他原因。将军说："我觉得自己一点都不轻松。"士兵说："怎么会呢？你拥有这么多财富和权力，除了皇帝陛下，你就是世上最轻松的人了。"可将军不以为然，他说："我们俩换换位置，你就知道为什么我觉得不轻松了。"

就这样，将军让士兵当了一天将军，他的财富随便士兵怎么花，他的军队随便士兵怎么指挥。士兵非常高兴。他坐在椅子上喝着美酒，看着手下成千上万的士兵，他感到得意极了。

正在这时，一名士兵冲上来报告，邻邦突然发动攻击，军队正向边境靠过来。士兵一下子慌了，他从椅子上站起来，不知道该怎么做。他竟然吓得两腿发抖。最后，只能无助地向将军求助。甘将军问："发生什么事了？"士兵回答道："邻邦打过来了。我们该怎么办？"

"现在你是将军，怎么办应该是你说了算。"将军对士兵说。士兵一下子哑口无言，说也不是，不说也不是。"可是……"

后来，军队还是在将军的带领下打退了入侵者。士兵找到将军，对他说："我终于明白了你的心情。除了我们看见的财富和权力，你还有更多的是责任。""没错，身为一个将军，就必须肩负起保家卫国的责任，必须冒各种风险。我不能随心所欲，必须随时保持警惕。我不能做出一个失误的决策，也不能放松自己。"

工作就意味着责任，没有不需要承担责任的工作。相反，你的职位越高，权力越人，肩负的责任也就越重。责任是能力的承载，有句老话：能者多劳。从责任角度来讲，一个人越能干，工作能力越强，那么他就可以承担起更多，更重要的责任，担任更重要的岗位。

作为职场一员，我们也必须意识到：工作即责任，既然已从事了一种职业，选择了一个岗位，那就接受它的全部。忠诚于它，对它负责，不断提升自己，这就是对自己负责。

部门经理派三个手下去收集一家客户的产品信息。第一个很快就把资料数据拿了回来，他跑去库房找到负责人，把数据一抄就拿回来交差。第二个亲自找到客户，得到了经理想要的产品信息，然后回来汇报情况。第三个手下回来的时间最晚。他先是找到客户，了解到想要的产品信息后，又详细咨询了客户其他产品的信息，特别是当下市场热销产品的情况。接下来，他又跑去市场，把客户提供的信息，与其他商家的产品进行对比。货比三家后，他才回到公司复命，把情况向经理作了详细汇报，而且提供了对比数据，好让经理进行选择。

毫无疑问，第一个员工属于应付交差的员工。他对工作的态度只是一个"混"字。他只想着如何自己方便，如何能对上面交差。这样的员工当然不可能做到"在其岗谋其职"。第二个员工，只能算是一个基本合格的员工。他属于被动型员工，只是为工作而工作。上司如何安排就如何执行，绝不越雷池半步，可也不愿多花一分心思。严格说来，这样的员工还算不上是真正的"在其岗谋其职"。只有第三个员工，才真正做到了尽心尽责，自动自发地去认真思索自己的工作，并把工作做到了细致入微。试想，有这样的手下，哪个领导会不喜欢呢？

在其岗谋其责，应该贯穿在所有的人对待所有的工作岗位中。这不仅是工作的准则，也是人生的原则。无论身处何种岗位，对自己的工作，全身心投入，辛勤付出，终将会得到回报。

2

对工作负责就是对自己负责

工作就意味着责任，岗位就意味着任务。在这个世界上，没有不需承担责任的工作，也没有不需要完成任务的岗位。工作的底线就是尽职尽责。任何伟大的工程都始于一砖一瓦的堆积，任何耀眼的成功也都是从一点一滴中开始的。这一砖一瓦、一点一滴的累积，都需要我们以尽职尽责的精神去一点一滴地完成。

我们都知道，姚明是NBA赛场上的英雄，身价上亿美元；白发斑斑的美国Viacom公司董事长萨默·莱德斯通神采奕奕，永远年轻，他所领导的公司在美国拥有很大的名气；事业有成的比尔·盖茨仍潜心凝神地工作，决意把微软的产品卖到全球每一个地方……在这里，他们的身份各异，或者是球星，或者是公司的董事长，但是仔细分析，我发现他们的态度却有着惊人的相似：认真对待工作，百分之百地投入工作。

赵静在一家大型建筑公司任设计师，现在是公司里的红人，待遇优厚，老板对她也很客气。但是当初可不是这样，她刚进公司的时候，常常要跑工地，看现场，还要为不同的客户修改工程细节，异常辛苦。但她始终认认真真，毫无怨言。

有一次，老板安排她为客户做一个设计方案，时间只有3天。接到任务后，赵静看完现场，就开始工作了。后来她说，这3天时间里，她都在一种异常兴奋的状态下度过。她食不甘味，寝不安枕，满脑子都想着如何把这个方案弄好。她到处查资料，虚心向人请教。3天后，她把一项详细完美的设计方案交给了老板，得到了老板的肯定。

因为赵静的工作认真，不但得到了老板的提升，薪水也翻了3倍。

后来，老板告诉她："我知道给你的时间很紧张，但我们必须尽快把设计方案做出来。如果当初你因此推掉这个工作，我可能会把你辞掉。你表现得非常出色，我最欣赏你这样工作认真的人！"赵静说，她之所以这样做，之所以能取得今天的地位，源于她给自己立下的一条规则——"要做就做好，否则就不做"。

坚守岗位，完成任务，这就是我们所说的岗位责任。假如你是公司老板，在分派任务的时候，你会信任这样的人吗？在提升职位的时候，你会首先考虑他们吗？当然会！这样的人无疑是能够准确无误完成任务的人。

在今天这个时代里，虽然到处都呈现出一片日新月异的景象，为人们提供了很多发展自己人生和事业的机遇。但是受社会影响，许多人的身上也滋生了一种自由散漫、不受约束、不负责任的毛病。他们认为，在这个时代里，谋求自我实现、自我发展、自己创业当老板是件天经地义的事，而忘了只有责任感才能够让个人的价值得到实现，也只有具备尽职尽责精神的人，才会受到别人的重视和提拔。

那些不能理解这一点的人，十分不幸地陷入了对自己危害极大的误区。他们不受约束，不严格要求自己，也不认真履行自己的职责。面对一切岗位制度和公司纪律，都在内心深处嗤之以鼻，对一切组织和机构中的岗位制度都持抵触情绪和怀疑态度。在工作和生活之中，以玩世不恭的姿态对待自己的工作和职责。对自己所在机构或公司的工作报以嘲讽的态度，稍有不顺就频繁跳槽。他们在团队中，如果没有外在监督，根本就无法工作。他们对自己的工作推诿塞责，固步自封。任何工作到了他们的手里都不能认真对待，以至年华空耗，事业无成。

任何一个老板都是精明之人，他们都希望能拥有更多优秀的员工。而工作态度最能体现一个人的品行是否优秀。老板会根据员工在平时工作中的表现决定给谁升职或者加薪。拿薪金来说，你拿了一千块钱，做了一千块钱的事。反过来，我们做了一千块钱的事，只能拿一千块钱，因为，老板找不到给你加薪的理由。若拿一千块钱，做了一万块钱的事，那么加薪就成了非常自然的事。

所以对于员工来说，每个员工都要树立“要做就做得更好，否则就不做”的从业理念，而且无论对于任何工作，我们你拿一千块钱，做了一万块钱的事，老板不会视而不见的。懂得对工作尽职尽责，也就是在对自己的未来负责。

3

勇于承担，责任让你快速成长

没有责任感的员工无疑是不合格的员工，因为缺乏责任感也就难免失职。当然，在我们漫长的职业生涯中，谁也不可能一切皆在掌握之中，偶尔失职也在所难免。但面对失职，勇于承担的员工与推卸责任的员工却会有完全不同的表现：勇于承担的员工会主动承认自己的错误并努力做出弥补，而习惯推卸责任的人则会为自己找来各种理由为自己开脱。其实，世上没有人能将事情做到尽善尽美，但是，勇于承担责任的员工至少是勇敢的、有责任心的。而对于企业和领导来说，勇于承担责任的员工更让他们省心，同时也能为企业带来更多的利益。

因此，作为一名员工，一定要树立勇于承担责任的观念，敢于承担的责任越大，说明你的能力越强，领导对你越重视，换句话说，今后在公司的发展也越大。很难想象，一个不能承担责任的员工会有好的发展前景，即使被提拔到了领导的位置也难以承担大任，因为他们根本就没有承担的勇气和能力。

陈鹏和张明同在一家快递公司工作，两人都是最底层的配送人员。一次，两人被分为工作搭档，合作负责将一件昂贵的古董送到接货码头。然而，就是这么一件非常平常的任务却同时改变了两个人的命运。

在交货的码头，当陈鹏将邮件递给张明时，张明由于一时分心没接住，名贵古董就这样掉在了地上，摔成了碎片。回到公司后，陈鹏很是懊悔。而张明却趁陈鹏不注意，偷偷来到了经理办公室，说："经理，这不是我的错，都是陈鹏不小心弄坏的。"经理略微询问了一番，说："好了，我知道了。你出去叫陈鹏来一下我办公室。"随后，陈鹏来到经理的办公室，很是懊悔的表情几乎让经理认为古董就是陈鹏摔碎的。不过，经理还是很沉着地问道："陈鹏，这到底是怎么回事呢？"于是，陈鹏就将事情的原委讲述了一番，最后说："这件事情都是我们的失职，我愿意承担责任。"

第二天，经理把两人都叫到了办公室，并说："其实，古董的主人将你们递接古董时的情形都看在了眼里，也告诉了我他所看到的事实。昨天，我也看到了问题出现后你俩的反应。因此，我决定陈鹏继续留下来工作，而张明你就不用来上班了。"

一个人即使再聪明也有愚蠢的时候，思维再缜密也有疏忽的时候，行动再敏捷也会有迟缓的时候，再者，还要受到情绪及各种生理因素的影响，因此，偶尔犯错也在所难免。而问题的最大错误就在于，像上述案例中的张明一样，当问题已经由自己造成时还将责任推卸给别人，不愿认错并承担责任。

没有谁能将任何工作都做到尽善尽美，但如何对待已经出现的问题，就是看员工承担责任的时候了。李开复说："年轻人偶尔犯错没什么，但问题出现时一定要勇于承担。"可见，领导者对于员工对于责任的担当也是非常重视的。

有责任感的员工懂得要想在职场有所成就，首先就要有做好每一项工作的理念，而这也是员工勇于承担责任的一种体现。他们懂得一个有责任感的员工首要的任务就是把自己的工作做好，做到更好，而不是一有点难度就将问题丢给别人。因此，马云说："只有懂得将问题解决在问题出现之前的员工才是最负责的员工。"

小新一直是办公室所有成员中最不起眼的员工。进入公司之后，由于他不善于阿谀拍马，也不会表现自己，因此，一年多来也没有得到领导的重视。但即使如此，他还是会将领导交给自己的每一份工作都尽量做到完美。

小新的直属上级黄经理由于长时间出差没有回来，而小新手头的项目却一直催得很紧。因此，小新所负责的项目只能完全由自己来决定。待黄经理从外地出差回来，小新赶紧将一沓厚厚的文件交给了他，在对自己所负责的项目做了一番交代之后，指着那沓厚厚的文件说："这是最近这几次会议后，我对会上讨论的几个难点问题的思考和总结，希望能对近期开展的项目有所帮助。"

黄经理打开一看，小新提供的这些文件不仅分析了很多的关键资料，还预测了几种行业的未来发展趋势。而且，很多方面正是黄经理想要知道却还没来得及安排人去搜集的资料。自此以后，黄经理开始对小新刮目相看。

谚语说，机会总是偏爱那些有准备的头脑。而将这句话用在职场中，则可以改为机会总是偏爱那些对工作负责的员工。对工作负责不仅仅指将自己的工作做好，更应该努力多做一点，只要对企业和自己的工作有利，就要努力去做。

勇于承担责任的人懂得时刻让自己成长，对工作负责任的态度也会让他们得到老板更多的重视。这样，他们也能得到更多的工作机会，才华也将逐渐显露。此外，勇于承担责任的人通常更容易熟悉企业环境，能更快地掌握职业的技能。当所有员工被招聘进入企业时，专业知识几乎相等，而之后的能力之所以会有所不同，就在于要想成为业务骨干不仅需要

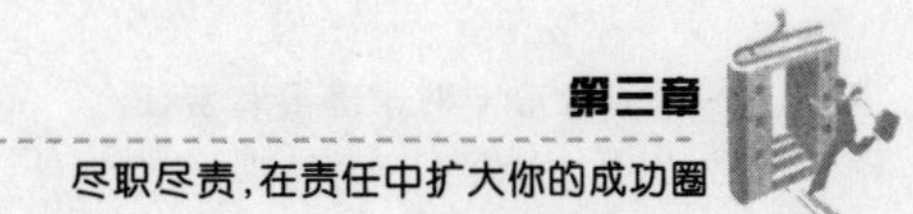

专业知识作为基础,更需要在实际工作中多多锻炼。因此,勇于承担责任,对工作认真负责的员工往往成长得更快。

4

把问题留给自己,把结果带给公司

不管走到哪里,你都能发现许多才华横溢的失业者。当你和这失业者交流时,你会发现,这些人对原有工作充满了抱怨、不满和谴责。要么怪工作环境不好,要么怪工作太难,业务难以开展,要么怪工作总会出现很多状况,让他们应接不暇。总之,牢骚一大堆,积怨满天飞,却完全忽视了工作的实质。

要知道,工作的实质就是解决问题,企业聘请我们就是来解决问题的,很多人却把大部分精力放在"寻找问题"上,问题解决不了,自然没有好的结果。于是,他们在老板的眼里变得不再有用,只好被迫离开。

工作中,老板看重的是业绩,要的是结果。因此,作为一名负责任的员工,应当认清自己的工作使命,做公司发展需要的事,把问题留给自己,把结果带给公司。

格里是一家著名的管理咨询公司的业务经理。他有一个习惯,就是每次在接受客户的委托之前,总要先花点时间去拜访该客户组织的高级主管。在问了一些业务委托方面的问题之后,格里总要向这些高级主管提些诸如"你们公司现在聘用的员工数量是据据什么作出的"之类的问题。据格里统计,大部分主管的回答是"我负责的是财务",或是"我主管的是销售",还有一些人回答是“我掌管的员工是100名”。只有很少一部分人会说“我的责任是向管理者提供决策所需要的正确信息”，或者是“比去年的任务量提升30%是我的责任”。这两种不同的回答反映了人们在工作价值认识上的差异，正是这种差异导致了把问题留给老板还是把结果留给老板这两种行为上的差异。

那些清楚自己的工作使命，把结果留给老板的人比较看重贡献，他们会将自己的注意力投向公司及个人的整体业绩，而不是自己的报酬和升迁。

一位著名的企业家说：“决定一次航行是否成功，不是离港起航，而是归航入港。”只有结果才是最后的论断，只有结果才能证明一切的努力。对结果负责，是每位员工应具备的工作态度。因为“结果第一”是每个公司发展的原始动力，也是每个老板衡量员工的重要标准。

2000年，全球汽车市场一片萧条，日产公司也因此陷入了困境。危急关头，公司高层聘请了在法国有着“营救大师”之称的卡洛斯·戈恩，期待他妙手回春，拯救日产！

在戈恩正式上台的就职演说中，他面对日产公司的所有股东和员工，面对众多的新闻媒体，做出了一个“180”计划的承诺：“1—8—0”，这三个数字分别代表了日产将实现的三个目标：截至2004财年，全球销售量增加100万台；运营利润率达到8%；汽车事业净债务为0。

戈恩在演讲台上告诉所有人：“我所说的三个目标，如果任何一点没有做到，我就出局！在这三个目标前，我没有说一个假如：假如有了支持、假如经济环境良好、假如日元汇率降低。我决定，不管任何情况，都要实现我的承诺，并承担全部责任！”

戈恩说到做到，日产不仅扭亏为盈，而且效益蒸蒸日上！业界为之震惊。有记者问戈恩：“为什么在一上台之初就要坚定地锁定目标，不给自己留后路？”戈恩回答说：“人们喜欢结果，因为它简单，谁都能明白，谁都可以去衡量。我们执行要求，得到结果，然后老板兑现承诺。没有任何借口，一切为了结果。”

企业靠效益生存，个人也要靠业绩发展。没有业绩的努力，是无用功；没有效益的企业，就不能生存。所以老板最看重的不是过程，而是结果；不是苦劳，而是功劳。

联想集团有个有名的理念：“不重过程重结果，不重苦劳重功劳。”这是联想的核心理念之一。联想之所以能成为一家享誉海内外的高科技公司，无疑与这个核心理念密切相关。

对结果负责，是对我们的工作价值负责。我们要看重结果这个目标。而不是完成任务这个程序，因为完成任务不等于得到结果。只有取得成绩的结果才是真正完成了任务。这样的完成，让工作辉煌，让人生闪光。

作为华人首富，李嘉诚的名字可谓家喻户晓。他之所以能成功，并非没有规律可循：从打工的时候起，他就是一个善于创造结果的高手。

李嘉诚十多岁时就靠打工维持整个家庭的生计。他先在茶楼做跑堂的伙计，后来应聘到一家企业当推销员。有一次，李嘉诚去推销一种塑料洒水器，连走了好几家都无人问津。一上午过去了，一点收获都没有，如果下午还是毫无进展，回去将无法向老板交代。

李嘉诚不停地给自己打气，并精神抖擞地走进了另一栋办公楼。他看到楼道上的灰尘很多，突然灵机一动，没有直接去推销产品，而是往洒水器里装了些水，将水洒在楼道里。经他这样一洒，原来很脏的楼道，一下子变得干净起来。这立即引起了办公楼的相关主管人员的兴趣，一下午，他就卖掉了十多台洒水器。

李嘉诚这次推销的成功就在于他把握了一个推销的诀窍：要让客户动心，就必须掌握他们如何受到影响的规律：“听别人说好，不如看到怎样好；看到怎样好，不如使用起来好。”老讲自己的产品好，哪能比得上亲自示范，让大家看到使用后的效果呢？

在做推销员的过程中，李嘉诚很重视分析和总结。他跑的地方比别的推销员多，成交量也最多。原来，他将香港分成几片，对各片的人员结构进行分析，了解哪一片的潜在客户最多，有的放矢地去跑，这样一来，他获得的收益自然比别人多。

优秀的员工，从不会因为工作有难度就满腹牢骚、轻易放弃，而是会努力寻求方法去创造最佳结果。

著名企业管理咨询专家姜汝祥先生说：为什么无数的公司拥有伟大的构想，却只有少数公司获得持续发展？做大做强是一个结果，而这个结果只能从员工中获得。任何一个有执行力的员工，或者任何一个有志于成为企业栋梁的员工，请记住一点，企业中存在各种问题，无论是老板不懂管理，还是同事不配合；无论是产品质量有问题，还是市场不景气，都不是你不提供结果、不创造价值的理由。

结果是一种方向，是一种价值的印证，是不断走向卓越的新起点。要成为优秀的员工，实现梦想，走向成功，此时此刻就要行动起来，用奋斗诠释能力的不凡，用结果演绎过程的精彩！

5

扩大责任圈，就是扩大了你的成功圈

每个人都应该经常问问自己“我还能承担什么责任”，而不是安心做个“安全专家”，每天重复着毫无挑战的工作。多想想除了做好手头上的工作，还能够为公司做什么，哪怕多做一点点，工作也会有所改观。

承担工作之外的责任，就会使你有工作之外的收获；拘泥于自己的工作小圈子里，就永远跨不进成功的大圈子。

一家工厂因为发展的需要，从国外引进了五台工业用的大车，由老李负责技术维护。老李是一位兢兢业业工作了二十多年的老技术工人，所以厂领导很放心。

可是还不到半年，这五台车就突然坏了，怎么也开动不了。于是老李就带领技术组去找原因，同时也联系了生产该车的外国技术专家。

外国专家简单地看了一下大车的情况，马上得出结论：故障是因为工厂工人操作不当引起的，他们不负责维修。

老李却认为，工人完全是按照说明书进行规范操作的，没有不当之处，于是，他向外国专家提出了自己的看法，但是几个外国专家坚持说是工厂工人的责任。

这让工厂的领导很为难：如果承认是工人操作不当引起的故障，那么厂家就不负责维修。五台车的维修费用要自己掏，算下来怎么也得一百多万元。可是如果不承认，因为自己的技术人员不精通这方面的技术，又提不出有力的证据。就在领导准备咬牙承担这笔巨大的损失时，老李却拦住了领导，同时，给领导立下"军令状"，一定给工厂拿出证据。他亲自带领几个技术工人，在车上一待就是几天，用各种检测工具从头开始，一点一点地检查线路。

第四天早上，老李在一组线路中发现了问题，这组线路存在的问题足以证明，这五台车在生产设计时就存在着严重的问题。

当老李把这组数据放在外国专家面前时，一直趾高气扬的外国专家顿时说不出话来。最后，维修费用由生产厂家全部承担。

老李为工厂立下了头功，领导马上提升他为技术总监。很快，老李的事迹就在业内传开了，很多技术工人都以他为榜样，且常常有人慕名而来,向他请教各种技术问题。

在工作中,有很多人都会觉得“多一事不如少一事”,反正不是自己犯的错误,也就没必要承担责任。可是他们没有想过,自己和公司是一体的,不管发生了什么事,公司内的任何一个人都无法逃脱干系。

当你能够像老李一样承担起职责范围外的责任时,公司自然会给予你工作之外的报酬,而你的信誉度——这种无法估量的潜在资产,更会给你带来意想不到的收获。

作为一名员工,如果你看责任的正面,也许是压力重重;而当你看到责任的背后,你会看到机会多多。要知道,你在扩大“责任圈”的同时,也扩大了你的“成功圈”。

里森是一家大银行的部门经理,一天,主管人力资源的副总把他找去谈话。原来,有一位部门经理突然辞职,留下很多需要紧急处理的工作,副总已经和其他两位部门经理谈过此事,要求他们暂时接管那个部门的工作,但是他们都以手头上工作很忙为由委婉地推辞掉了,副总问里森能否暂时接管这一工作。实际上,里森也很为难,因为他也很忙,而且拿不准能否同时处理好两份繁重的工作。但是,他觉得既然副总信任自己,自己就应该穷尽力气去做好。于是,他当场同意接管那个部门的工作,并保证尽最大努力来完成。

一整天,里森都忙得不可开交。下班后他冷静下来,认真思考应该怎样提高工作效率,怎样在同一时间完成两份工作。他很快就制订了方案,第二天就采取了行动。比如,他与秘书约定:把下属汇报工作集中安排在某一个时间;把所有的拜访活动都安排在某一个时间;除非紧急而重要的电话,所有的电话都集中安排在某一个时间回复;将一般会议由30分钟缩短为10分钟;每天对秘书口授工作安排都集中在一个时间里。这样,他的工作效率就有了明显的提高,两个部门的工作都处理得很好。

两个月后，银行的老总决定把两个部门合并为一个部门，全部由里森负责，并且给他大幅加薪，因为老总知道只有里森这样的人才能承担起重任。

假如里森只满足于做小部门经理的话，那么，他充其量只能做好一个部门经理，而永远不会有大的发展。里森正是敢于扩大自己的"责任圈"，结果才扩大了自己的"成功圈"。

每个人的职责范围仅仅是企业对员工的最低工作要求。如果员工有很强的事业心，就应该明白不能仅仅局限于做职责范围内的事，而应时刻想方设法增长自己的知识，并努力为组织作出更大的贡献。只有肩负起更大的责任，才能有迎接更多新的挑战机会，也才能使自己不断地成长与发展。

第四章　燃烧激情，用高效来成就你的事业

1

保持激情，工作才能更加幸福

激情，是一种饱满的精神状态，是一种积极的工作态度。激情可以使我们释放出潜在的巨大能量，激发出创造的活力；激情能够感染周围的同事，形成激情奋进的群体。

激情是事业的灵魂。学习和工作中没有激情就好比身体失去了灵魂，什么事情也不可能真正做好。激情是奋斗的动力，带着激情去工作，就会激发干劲，产生韧劲，获取动力。激情是创新的源泉，满怀激情，就能激发潜在的创新灵感，迸发创新的火花和冲动，产生创新的思路和举措。激情是困难的克星，带着激情，遇到困难和问题，就会不怕难、不觉难，充满自信，想方设法攻坚克难。

相反，缺乏激情，就会缺乏敢想敢闯的精神，缺乏自定目标任务、自加压力的积极性、主动性，缺乏在工作方法和具体落实上的创造性，工作就会习惯安于现状，就会缺乏高标准高质量。长此以往，就会使人生的追求和理想化为泡影。

张某应聘B公司软件开发师的职位，在确定被录用后因母亲去世需要晚几天报到。老总得知此事后，不仅同意张某可以晚几天上班，还立即从口袋中掏出500元给张某，并给予很大的安慰与鼓励。老总在其还没入职的情况下作出这样的行动，让张某感动不已。

因此张某在入职到B公司后也没有辜负老总的期望。进公司一年多的时间里，他工作一直非常积极、主动，并且由于他对工作保持的激情，他的工作业绩也一直非常优秀。他说："我觉得工作很有激情的时候，工作业绩也就自然而来，而且，这样的工作让我感觉很幸福。"

对待工作的激情不是心血来潮、兴之所至，能不能充满激情地做好工作，是检验员工工作的重要尺度。合格的员工越是在困难面前，越应表现出冲天的干劲，越是在挑战面前，越应表现出无畏的斗志。激情从何而来？激情是经过长期历练遇到应急状态的集中迸发。在战争年代，激情容易拥有；在危急时刻，激情容易拥有；在灾难来临时，激情容易拥有；而在和平时期的日常工作中，我们又该如何保持持久的激情呢？

首先，正确的人生价值追求是激情产生的根本导向。当一个人树立了正确的价值追求，就能使自己的人生目标设定和行为取向的选择符合科学的价值意识和正确的价值判断，个人的价值得到充分体现，也从中获得源源不断的幸福。

其次，真诚热爱自己的事业是激情产生的重要源泉。一个人对事业热爱，就会把爱和进取精神融入所从事的工作中，把工作当成乐趣，积极主动，充满热忱，想方设法把事情做好，由此带来工作质量的改善、工作数量的提高和工作绩效的增长。

日常工作平凡而辛劳，充满激情地工作是员工幸福的基本要求，也是人生最高的享受。在激情工作中，我们享受着拼搏奋进、履行使命的荣誉和成就，享受着创造成绩的喜悦和快感，享受着投身工作、甘心付出的踏实和欣慰，享受着无愧人生的自在与幸福。

做事业谋发展，需要激情。工作的激情可以把我们身上很多"休眠"的资源激活，把我们全身每一个细胞的活力都调动起来，去出色地完成一件事情。一旦丧失了激情，就像沸腾的水迅速冷却，工作效率将大大降低，即使一个能力上完全胜任的员工，也很难保持应有的高效率，创造性的业绩更是无从谈起。

在一个公司里，那些混了几年的“老油条”们经常会嘲弄一个新员工“傻乎乎”热情工作，但很快就会惊奇于一个新手竟然在极短的时间内达到了他们几年才有的高度，更让他们瞠目结舌的是令他们垂涎已久的管理者职位，竟被这个毛头小伙轻易得到。

职场中人，工作中会遇到无数的挫折，保持激情至关重要，而拥有持续的激情更是难能可贵。

激情是创新工作、追求卓越之活力及动力所在。唯有充满激情，才更有效能。工作激情是主动和富有乐趣的，而敬业精神更像是一种义务，并不能给生活本身带来乐趣。只有对所从事的工作产生莫大的兴趣才会享受工作的快乐，在工作中找到实现自己理想和价值的满足感。一旦对工作丧失激情，精神便会委靡，人便会不思进取、无所作为、消极悲观、随波逐流；忘记了岗位责任，办事拖拉，效率低下；没有钻劲、韧劲、拼劲，在困难和矛盾面前，只好放弃，最后与成功自然无缘。

每一位职场人士都面临着严峻的挑战，工作压力大、人际关系复杂、焦虑感强等困扰着每一位职场人士。要想不被淘汰，职场人就必须时刻保持激情去接受每一个挑战。

2 感恩让你工作更有激情

很多时候，我们会将别人的帮助与付出当成理所当然。其实，即使是父母对你付出的爱，我们也需要怀着感恩的心来报答。而在职场，我们则更加需要懂得感恩,感恩你的同事,感恩你的领导,感恩你的下属,感恩你的工作……

员工只有懂得感恩,才能更加珍惜现时拥有的一切,才能充满激情地工作。心怀感恩的员工明白:我工作并不是因为老板让我这么做,也不是因为我这么做就能得到多少好处,只是因为我内心有着感恩之情,我应该这么去做。正是因为有了这样没有任何理由和条件的驱动力,懂得感恩的员工工作起来总是那么激情四射。

1999年,是百度的诞生之年。对于大多数员工,特别是需要用到互联网的员工来说,“百度”一词并不陌生。而李彦宏这个名字更是家喻户晓。在百度创立之初,李彦宏正是怀着对国家的感恩之情毅然选择了从美国硅谷回国创业,并很快将目光锁定在了中文搜索引擎上。并引用辛弃疾的“众里寻他千百度”中的“百度”为名,开始了自己的创业之旅。

创业之初的艰辛可想而知,但心中有了那份对祖国的感恩之情,李彦宏坚持了下来,并很快带领他的团队步入了正轨。

2005年,百度公司股票在美国纳斯达克正式上市,股价一路飙升,创造了美国股市213年来在美国上市的外国公司的最大涨幅。经过6年的奋斗和坚持,李彦宏终于成功了,他与百度以近乎完美的形象向世人展示了IT的经济魅力。当记者问起是什么让他如此斗志昂扬的时候,他从容地说道:“当初选择回国就是觉得我从中国走出去的,她给了我走出去的资本,那么我就应该回来。而一旦你有了那种感恩的理念,那么再苦再累的工作也难以阻挡你的激情。”

其实,不只是李彦宏在怀着感恩工作,当初选择跟他的员工也是如此。他们由感恩而产生的激情成就了百度这样的传奇,因为当初选择百度选择李彦宏的员工绝对没有想到几年之后公司就能达到这样一种高度。他们只是带着知遇之恩一直默默地、努力地工作,即使创业艰难,即使遭遇了互联网低潮，他们也一直充满激情地工作着。因为有了感恩，李彦宏将所有员工与他的企业紧紧地联系在了一起，形成了一个牢不可破的利益共同体。

而实践证明，只有怀着一颗对企业、对领导的感恩之心，积极主动地、充满激情地投身到工作中去的员工，才能为企业赢得良好声誉，为企业创造最大利益，同时也为自身的发展打下坚实的基础。

从员工的角度来说，企业为我们提供了施展和锻炼自己才能的机会和平台，我们只有心怀感恩将自己融入到企业的团队中，才能与企业共存并感受到激情与幸福的存在。因此，作为一名员工，若想取得成功，首先就要懂得感恩。

刘嫦娥是联想集团的一名员工，虽然她只是生产部门的一名作业员，只负责将翻倒的零件捡起来，不让生产线阻塞即可。这样的工作原本枯燥乏味，但同事们每天都能在她脸上看到笑容。同事觉得非常奇怪："这样一个最简单最基础的工作，有什么乐呵的啊？"刘嫦娥微笑着说："我觉得我在联想工作很骄傲啊，不管我的工作是做什么，总之，是联想给了我一个工作的平台，做什么又有什么关系呢，只要将自己的工作用心去做好就是了。"

当一个员工心怀感恩时，他不会去计较得到了多少，工作岗位有多低，每月工资有多少。只要曾经获得，即使只是一个工作的机会，我们也要发自内心地表达自己的谢意。像上述案例中的刘嫦娥，虽然工作岗位非常普通，但她懂得是企业给了她工作的机会，给了她结交朋友的可能，给了她实现自我的平台。因此，她能满心欢喜并充满激情地投入到工作中去。毫无疑问，懂得感恩的她比身边那些整天埋怨岗位平凡的同事要快乐得多。

感恩是一种追求阳光生活的心态，一个人只有懂得感恩才能积极主动、感受到幸福。在职场中，有了感恩，工作就会变得如游戏一般简单轻松，人才能够在工作中实现自我，得到满足。

感恩就像一颗和谐的种子，会让团队变得更加和谐紧密；感恩就像一棵树苗，不仅会结出甜蜜的果，同时还能给人一片阴凉。我们只要心怀感恩，就能找到工作中的美好，就能让工作变得更加主动，就能攀上事业的巅峰。因此，心怀感恩的人才能拥有世界的美丽，才能生活在幸福与成功之中！

3 将压力转化为工作的动力

对于职场人来说，每个人都必须面对竞争和失败。但当前进的道路到了拐弯之处时，很多人便会变得不知所措。工作中遭遇困难与挫折在所难免，而压力更是现代工作中非常平常的一部分。因此，懂得将压力适时转化为工作的动力非常重要。

无数事实证明，凡是最后能够有所作为的人都是经历过了困难的磨练而成的，凡是最后取得成绩的员工都是能够积极面对挫折与失败的人。当困难出现时，只有积极面对，将压力积极转化为动力，才能从压力上前进，战胜困难获得最后的成功！

第二次世界大战期间，肖毅每天的工作就是花很长的时间在收发室里整理在战争中死伤和失踪的士兵的纪录。然而，战争异常激烈，新的情报总是源源不绝地传来，因此他必须分秒必争地处理数据，而且一丁点的小错误都不能出现。肖毅的心始终是紧绷的，因为他生怕会因为自己的一时疏忽而出错。

在这样的压力和疲劳环境中工作了一段时间后，肖毅患上了结肠痉挛症。身体上的病痛让他忧心忡忡：自己会不会就此一蹶不振，自己的生命还能不能熬到战争结束，还能活着回去见自己的家人吗？

就这样，身心的煎熬终于让这个在战场上铁骨铮铮的男人一下子陷入了绝望，终于不支倒地，被送进了医院。军医了解了他的情况后，语重心长地说："肖毅，你的疾病其实没什么，真正的问题出在你的心里。你可以把自己的生命想象成一个沙漏，沙漏的上半部有成千上万的沙子，它们流过中间的细缝时都是平均而缓慢的。除了彻底将这个沙漏毁坏，否则你我都无法让那么多的沙粒同时通过这条窄缝。人也一样，每一个人都像一个沙漏，每天都会有一大堆的工作去做，同时也要承受着各种各样的压力，特别是当你觉得你需要完成的工作异常艰难时，你必须慢慢来，将这个压力转换成为让沙子流得更快的动力，否则你的精神就会被压垮。"

遵循了医生的叮嘱，肖毅的身体很快恢复正常，而且工作时，变得比往常更加积极起来。

人没有一万只手，也没有一万个脑袋，因此不可能把所有的事情同时解决，也不可能让所有事情都如吃饭喝水一样容易。当面对困难时，不妨多想想方法，而不是在心里干着急。要相信，办法总比困难多，当压力出现时，只要你积极去面对，想办法去解决，你会因此取得更伟大的成功。

况且，不能即时改变的事你再担心也只是空想，事情并不能马上解决；试着平下心来，给自己一点时间，慢慢地全心全意地来处理这些事情。每个人都会面临各种各样的压力，当你学会了调整自己，让压力"慢慢来"时，你会发现，压力其实不是一个阻止你前行的石头，而是推动你前行的动力。

台湾有这么一个大学生，毕业后一直很想创业，但始终下不了决心。很快,几年过去了,他也到了娶妻生子的年龄。于是,他遵循自然的法则,很快娶妻生子。又几年后,他拥有了稳定的工作、和谐的家庭。只是,创业的梦想从来就没有停止。

于是,他把自己的想法告诉了岳父。可是,岳父却很反对,并给他算了一笔账:“以我几十年的经验来看,90%的年轻人都想过创业;而在想过创业的人中有90%只是想想;在付诸实践的创业者中又有90%的人最终以失败告终;在创业了且碰到了好项目的人中又有90%的人只是小有成就。因此,要想成为一个大企业家,就好比爬金字塔的顶尖,难上加难呀!”

岳父的劝说本是想让他知难而退,可他却兴奋地说:“谢谢您的点拨,我知道该怎么做了。”不久,他便辞去工作,拿出了所有积蓄,又向父母借了点钱,踏上了创业的征途。

他从电视机零件生产起家,终于淘到了自己创业的第一桶金。然后,他又投资建了一家模具厂。这一年,台湾房地产市场火热,几乎所有商人都纷纷转战地产界。他却很冷静地没有去凑这个热闹,而是一心经营着自己的模具厂。

一年以后,地价翻了一番,不少人劝他把模具厂卖掉进军房地产,但他却固执地拒绝了。几年后,房地产市场逐渐萎缩,他的模具厂却技术和效益都突飞猛进,成为同行业中的佼佼者。

1999年,他一口气吞下众多中小企业,一跃成为了世界级集团,企业员工从最初的10名增加到遍布全球的5万多人。他便是如今纵横四海的台湾科技首富——鸿海集团董事长郭台铭。

几年后,郭台铭在一个企业家论坛上发表演讲时说:“有人说,想创业的人90%没有付诸实践,我想当那有压力的10%,因此,我果断地创业了;有人说,创业的人90%没有成功,我又想当那有压力的10%,因此,当房地产火爆时我坚持了自己的选择；有人说，项目选对的人中90%只是小有成就，我想当那有压力的10%，因此放眼全球，进行了一番科学规划，终于才有了鸿海集团的今天。”

可见，压力与困难并不是阻碍我们发展的因素，反而是推动我们向更远的目标发展的动力。失败者与成功者的区别就在于：前者只看到90%的失败而畏惧不前，后者却看到了10%的成功而欣喜若狂。因此，只要你善于将压力转换成动力，那么，你就能攀上那个金字塔尖，赢得事业的成功。

4

突破工作瓶颈，勇于迎接职场的挑战

每个人都会有迷茫的阶段，不管是找工作之前，还是工作很久之后，迷茫的感觉均免不了不期而至。很多人认为这是一个人无可救药的表现，然而，你若这么认为就大错特错。其实，能够感到迷茫也是一件好事，至少说明你发现了自己的问题所在，自我意识加强了。这时，你只要突破瓶颈，找准问题的出路所在，就能很轻松地度过职场迷茫期，用自信来迎接来自职场的各种挑战了。

在18岁之前，他的音乐道路一直走得非常顺利。天生爱唱歌的他，很小就在各种比赛中崭露头角。初中毕业后，他以全省第一的成绩考取了某艺术职业学院，并走上了专业学习表演的道路。亲人和朋友们都十分看好他的音乐前景，他也信心十足地向更高峰发起了冲刺。

可就在2007年，他却遭受了人生的重大打击：他参加快乐男生广州唱区选拔赛，进入50强后就惨遭淘汰。他不禁怀疑起自己的实力来，回到课堂后经常走神：我的音乐之路还能走多远，前方何处是光明？越想越失落，越想越灰心。

那一天，他看见巷子里塞满了车，七辆满载的卡车依次停靠在路中央，一动不动。走近一看才发现，它们中间还夹杂着一辆奔驰，驾车的中年男子下了车，正细致地擦拭着车身。当他转了一圈再经过这条巷子时，见奔驰依然夹在卡车间根本未动，而那个中年人却还在不知疲倦地擦着车。于是，他走上前去友善地问道："开着这么好的车被堵了，你不烦吗？"中年人摇了摇头："我要赶远路，正好趁这个机会打理一下车。"指了指不远处的岔道，说："我在那里就将超越它们，有什么可烦的？"

"为什么开着奔驰就一定要奢望一路畅通呢？有时它被大卡车堵住路，也是难得的休整机会呀！"中年人微笑着说。

听了这番话，他回想起曾经的经历，自己少年成名，这次早早被淘汰，不正像这辆宝马所处的状态吗。他正好抓住机会做好"保养"，争取在下一个路口超越他人呀。真正值得担心的不是前面有卡车拦路，而是车子重新启动后的速度和性能！

很快，他从失败的阴影中走了出来，开始更加专注地学习音乐。毕业后，他果断放弃了在家乡安稳的工作机会，决定去南方继续发展自己的音乐事业。只身去到深圳之后，他又流转到广州靠跑场子生活。终于，又等到了快男竞逐的机会，他再度报名并最终凭借精湛的唱功、帅气的外形和新潮的装扮，一路过关斩将，最终问鼎冠军。

他，就是2010年超级男声总冠军李炜。

任何一辆奔驰，在前行的路上都将不可避免地遭遇到阻拦。人生也一样，这时你无需烦躁，更不用灰心，利用这段"停下来"或"慢下来"的机会想清楚日后的规划，你便可以在下一个路口实现顺利"超车"。

每一个在职场打拼的人都有可能产生职业倦怠，就像再健康的身体也会生病一样。我们不能逃避，因此只有坦然面对，反省产生倦怠的原因，克服心理上的疲惫，才能调整好状态，走出职场的倦怠期。

而对于一个想克服职业倦怠、取得更大成功的员工而言，自我反省的能力更是必不可少。因为人生最大的成就在于不断反省自己、刷新自己。

夏朝时，曾有一个背叛的诸侯有扈氏率兵攻打。兵来将挡，夏禹马上派他的儿子伯启去抵抗，但伯启却被打败了。伯启的部下很不服气，要求继续进攻。但伯启却平静地说："不必了，我的兵比他多，地也比他大，现在却失败了。这肯定是我的德行不如他，带兵方法不如他。我要做的应该是，从今天起努力改正才是。"从此，伯启每天早起研究兵法，粗茶淡饭，照顾百姓，任用有才干的人，尊敬有品德的人。

一年之后，有扈氏的兵源虽然也有扩张，但他却再也不敢来侵犯，反而自动向伯启投降了。

唐代高僧神秀曾有一首我们都很熟悉的偈："身是菩提树，心如明镜台。时时勤拂拭，勿使惹尘埃。"然而，在职场中我们的心灵却难免会沾染尘埃。因此，要想让自己取得更大的进步，拥有工作的激情，就必须经常反省自己，才能不使心灵受到污染和蒙蔽，以最好的状态投入工作。

5

激情工作让你脱颖而出

古往今来的一切成功之士，无不满怀激情地投入他们的工作，他们因

激情而生机勃发，因为激情而活力无限，因激情而梦想无边，因激情而勇往直前，因激情而与众不同，因激情而功成名就！

第二次世界大战期间，与法西斯主义势不两立的美国女记者多萝西·汤普森将她的报纸专栏作为打击希特勒政权的武器。她的专栏文章由报业辛迪加向150家报社发稿，那些富有洞察力又注入了丰富感情的政治评论，使得同行们充满理性的专栏文章黯然失色。到1940年，她的读者高达700万人。满怀的激情最终成就了汤普森。

激情是世界上最有价值的感情之一，也是最具感染力的。一个人从事他所喜爱的工作时，你可以一眼就看出来，他非常投入，其表现出的自发性、创造性、专注和执著都十分明显。而这在那些视工作为应付差事、乏味无聊的人那里，是根本看不见的。

曾有一个年轻人问古希腊哲学家苏格拉底，成功的秘诀是什么。苏格拉底让年轻人第二天早晨去河边见他。第二天，他们见面了。苏格拉底让年轻人陪他一起向河里走。当河水没到他们的脖子时，苏格拉底趁年轻人没注意，一下子把他推入水中。小伙子拼命挣扎，但苏格拉底很强壮，一直把小伙子按在水里。直到小伙子奄奄一息时，苏格拉底才把他的头拉出水面。之后，小伙子所做的第一件事情，就是深深地吸了一口气。苏格拉底问："在水里的时候，你最需要什么？"小伙子回答："空气。"苏格拉底说："这就是成功的秘诀。当你对成功的渴望就像你刚才需要空气的愿望那样强烈的时候，你就会成功。"

激情就是内心对成功的强烈渴望，是事业成功的一个基本前提，激情能提升能力、成就责任、锤炼执行力。激情是优秀员工的核心竞争力。微软员工对技术痴迷的狂热和对客户发自内心的热情就是他们能够建立全球商业帝国的保障。

比尔·盖茨在被问到他心目中的最佳员工是什么样时，他强调了这样一条："一个优秀的员工应该对自己的工作满怀热情。当他对客户介绍本公司的产品时，应该有一种传教士布道般的狂热！一句话，将你的职业当成一项事业来做，它所带来的荣誉感和使命感会立即将你工作中的一切不如意一扫而空，让你工作越干越有劲、人越活越年轻、道路越走越宽广、生活越来越美好。”

比尔·盖茨还有句名言：“每天早晨醒来，一想到所从事的工作和所开发的技术将会给人类生活带来巨大的影响和变化，我就会无比兴奋和激动。”

美国经济学家S.P.罗宾斯认为：人的价值＝人力资本×工作热情×工作能力。如果一个人没有工作热情，那么他的价值就是零。而巴菲特认为，一个人的成功，第一靠智慧，第二靠机遇，第三靠勤奋，第四靠激情。而且，其中激情最为重要。激情是原动力，当你决定把自己的才华和精力投注到一个领域的时候，能力和业绩都会跟随而来。

对工作充满激情的人是企业最欣赏的人。有了激情，我们对工作的目标才会更加坚定，才不会磨时间、躲检查、混饭吃、蹭工资、安于现状；有了激情，我们才不会厌烦我们的同事、指责我们的老板、抱怨我们的公司、质疑我们的职业、计较我们的薪水和职位，才能一扫愁容，重新考量我们工作的神圣和伟大；有了激情，才能享受到工作的乐趣和体现出人生的价值。

著名指挥家托斯卡尼是一个充满激情的人，他也要求交响乐团中每一个成员必须对音乐充满激情。有一次，一个萎靡不振的交响乐团惹怒了他，因为在他们的音乐声中，托斯卡尼听不到激情。他怒斥道：“我退休后要去开一个妓院！你们知道什么是妓院吗？我要招揽世界上最漂亮的女人，它将成为充满激情的斯卡拉歌剧院。而你们，所有的人都被阉割过，你们中任何一个人都休想进妓院的门！”就像托斯卡尼开的这个玩笑一样，没有激情的人就像是被“阉割”了一样，难以享受工作的种种美妙和乐趣。

激情四射的人必然活力无限，这样的人不管做什么样的工作都会卓尔不凡。他们对待工作会积极努力，激情澎湃地投入自己的工作，成功当然就会越来越近。所以，点燃内心的激情吧，只有有了燃烧的激情你才能脱颖而出，才能成就伟大的事业。

第五章　勤劳实干，业绩让你更接近成功

1

勤奋是通往荣誉殿堂的必经之路

勤奋是最让人敬佩的品质之一。在现实生活中我们会发现，有事业心的人有一个共同的特点，那就是勤奋。勤奋是成功的前提，没有勤奋成功也就无从谈起。

一个人的进取与成才，环境、机遇、天赋、学识等外部因素固然重要，但更重要的是依赖于自身的勤奋与努力。缺少勤奋的精神，哪怕是天资奇佳的雄鹰也只能空振双翅；有了勤奋的精神，哪怕是行动迟缓的蜗牛也能雄踞塔顶。成功不单纯靠能力和智慧。坚持不懈地付出努力，才是取得成功的不二法门。

张培豫是一位驰名中外的指挥家。世界著名指挥家祖宾·梅塔称其为“与生俱来的指挥家”，他说：“我认为她在音乐上有无限量的才华和能力，并且有足够的音乐经验领导一个高水准的乐团。”指挥家小泽征尔、罗林·马泽尔也称赞她“很有才华”。

张培豫的敬业精神是出了名的。她曾创下一个月内指挥三场高水平的音乐会的纪录，也曾在不到半年的时间里指挥过八场演出。

《人民音乐》杂志的一篇文章如此形容她：像一架上足发条的钟，在不停地转着、走着。

青年时代的张培豫只是一名乡村女教师，她因调教有方、率团三班夺取台湾省中部小学合唱比赛冠军而小有名气。一次演出前,她摔伤了,医生嘱咐她必须静养,她却坚持打着石膏参加了排练和演出。一位观看演出的台湾教育奖学金评委目睹此景,深为感动,极力为她申请赴奥地利留学的奖学金,使她实现了到音乐之国求学的愿望。

一次,在北京指挥贝多芬专场音乐会之前,她突然生病了,大家都担心她是否会推迟演出,熟悉张培豫性格的大提琴家司徒志文却说:“只要不躺下,她会不顾一切地坚持演出。”最后她果然如期而至,并且执棒的曲目还是力度最大的贝多芬第五交响曲《命运交响曲》。一个月后,在指挥另一场演出时,上台前她一直头疼,吃了几片止痛药,她就又出现在了指挥台上。她说:“本来我可以节省点儿力气,但我对音乐一向是全力以赴的。”

一个人无论从事何种职业,都应该勤奋认真,尽自己的最大努力,求得不断的进步。这不仅是工作的原则,也是人生的原则。那些在人生取得成就的人,一定是在某一特定领域里进行过坚持不懈的努力,花费过无数的心血和挥洒过无数汗水的人。

巴尔扎克成名之后,一个老太太拿出一个作文本来问巴尔扎克,问这些作文写得怎么样。巴尔扎克摇摇头:“糟糕极了!天赋不高!”老太太大笑:“这可是您小时候的作文本。”巴尔扎克一点也没窘迫,他坦然地说:“我可没说错,我的成功可不是仅仅靠天赋啊!”

是的,许多伟大的成功者靠的都不是天赋,而是勤奋。对于这一点,成功者们从不讳言。爱迪生就说过:“天才是百分之一的灵感加上百分之九十九的汗水。”

勤奋是走向成功的必备条件。在现实生活当中,许多人所掌握的知识远远多于松下幸之助、李嘉诚这些成功的企业家,但是由于这些人没能像他们那样勤勤恳恳、扎扎实实地工作,没能把自己的才能和潜力充分发挥出来,所以也就没能取得他们那样的成功。

古罗马人有两座圣殿:一座是勤奋的圣殿,另一座是荣誉的圣殿。他们在安排座位时有一个秩序,就是必须经过前者,才能到达后者。那些试图绕过勤奋，寻找荣誉的人，总是被排斥在荣誉殿堂之外，因为勤奋是通向荣誉的必经之路，通向成功的必经之路，通向人生最高处的必经之路，谁都无法绕行！

2

要得到赏识，就要拿出你的业绩

职场其实是一个靠实力说话的地方，在这里，一切要凭业绩说话，出众的工作业绩才能证明你的能力，体现你的价值。当你的业绩遥遥领先于你的同事，你很可能就会成为公司里不可替代的重要人物。

有人认为，只要自己努力工作，默默耕耘，鞠躬尽瘁，就一定能够得到老板的赏识。然而辛勤的付出固然重要，但这并不是衡量能力的标准，也不能体现出你的价值。如果你仅仅拥有无限忠诚却始终没有业绩可言，即使尽忠一辈子也不会有什么起色，你也不可能得到老板的重用。更直白地说，再善良的老板也难以容忍一个长期没有业绩的员工。

在一家大公司，老板有两个女助手，一个是王红，一个是李丽。她们的工作就是替老板拆阅分拣信件，两个女孩子对公司都十分忠心，工作也都十分卖力，但是两个人最后的结局却大不相同。王红三个月试用期过后就被解雇了，而李丽不仅留了下来，还获得了加薪和升职。怎么回事呢？

原来王红在工作中虽然一直忠心耿耿，但是工作效率却很差。每天自己忙得晕头转向，工作一天下来，却常常连自己分内的事情都做不完。而李丽则完全不同，她头脑灵活，工作效率很高，老板交给她的工作都会很快完成，有时自己的事情做完了还

常常做些分外的事，比如替老板给读者回信，或是帮助王红干点工作。

虽然这样做自己的工作量就增多了，但是李丽从来没有在意过，她总是觉得凡是公司的事就应该做，而且一定要做好。终于有一天，老板的秘书由于身体原因辞职，李丽就被老板调去做了秘书。

这还不算。由于李丽业绩优秀，引起了不少同行的关注，有好几家公司都纷纷向李丽伸出橄榄枝，给她更好的职位和待遇请她加盟。因此，为了让她留在公司，老板不仅多次给她升职，还把她的薪水增加了很多，与当初做助手时相比，现在她的薪水已经足足长了5倍。但是老板丝毫不觉得亏，因为李丽出色的业绩比提高5倍薪水更有价值。

仅仅会埋头苦干而不问绩效的"老黄牛时代"已经过去了，企业更需要老黄牛们带来业绩，带来效益。每个老板都希望自己的员工能够创造出丰硕的业绩，所以有人说一个成功老板的背后，一定有一群能力卓越、业绩突出的员工。如果没有这些创造业绩的员工，企业将无法生存下去。所以，人在职场，一定要做出业绩来，用业绩来证明自己的价值。有人也许认为自己从企业创立之初就辛辛苦苦、忠心耿耿地跟随着老板，觉得自己是公司的元老，但如果老板总是看不到你的成绩和贡献，也一定会对你不客气。

从前有一家大户人家，家里有许多佣人。有一名在厨房打扫卫生的老仆人已经在他家20年了。有一次，这位老仆人看到比她来得晚的人都已经在她的位置之上了，或是做了管家，或是成了贴身丫鬟，她觉得自己也应该离开这个烟熏火燎的厨房，去干点大事。于是，她找到了主人说："老爷，我觉得我应该升到更为重要的位置，您知道我跟随您已经20年了，所以家里的大事小情我都知道，我也一定能处理好。"

这家主人是一个非常懂得用人的人，他对家里的佣人有着高明的判断力，虽然这位老仆人跟随他多年，但是他知道她没有能力担任更高的职位了。于是,老主人指着拴在一旁的驴子说:“请你好好看看这驴吧,它们就算再拉20年的磨,也仍然只能干拉磨的活。”

工作也是一样,在职场上,你的价值最直接的体现方式就是你的业绩。如果你没有做出像样的业绩来,就算是再辛苦,老板也不会因为承认你的苦劳而给你升职加薪。

有些人就像上面提到的这位老仆人,他们常说:“我在这个岗位工作七八年了,现在做什么都能做得很好,凭什么不给我加薪呢?”但有时候,有些人10年经验的积累不过是经验的10次重复罢了,年复一年的重复同样的工作,当然会得心应手,但重要的是换了另外的工作你能否做好。

老板作为公司的直接负责人和受益人,绝对不会有意埋没你的才能。所以,要想成为公司最杰出的员工,要想得到老板的赏识,就一定要靠业绩说话。为此,你不仅要把本职工作做好,使你的业绩有所提高,还要不断学习新的知识,怀着一颗不断进取的心,才能在工作上取得更大的成就。

小路大学毕业后被招聘到一家大型家电公司做销售。小伙子来自农村,身上有着一股拼劲,而且对销售工作也很热衷,所以,小路的业绩一直不错。但美中不足的是,小路的主管却一直看不惯小路,与小路的关系也总有些许不协调。

一天,小路的主管又因为一件也许根本不值一提的小事与小路争吵了起来,最后,小路一怒之下就向老总递交了辞呈。与小路主管不同的是,老总对小路的印象一直不错。因此,老总考虑良久后,说:“把你手中的业务清理一下交给我,我会同意的。”

几个小时后,小路递给了老总四份文件。第一份,小路本月内需要结算的各种业务上的经济往来;第二份,小路目前已经建立好良好合作关系的单位名称,上面很明白地标注着各位负责人的地址和电话,以及各个老板的喜好;第三份,小路目前正在争取的客户名单,名单后面很清楚地标注着这些单位经理的籍贯与简历;第四份,对于目前还没有开展业务的地区,小路的攻关计划。

看了小路临走前的“交代”,老总不禁有些意外,甚至有些惊喜。最后,老总没有让小路辞职,而是给了这样的批复:小路留下做主管,而原来的主管被降职并调离销售部门。

不论你从事的是怎样的工作,要想得到老板的赏识就要让老板看到你的价值所在。要么做到像上述案例中的小路一样,做到别人所不能做到的,要么做出一些实实在在的业绩。当然,像小路这样认真工作,注重每一个细节的员工,最终一定会做出比他人更加突出的成绩。

很多时候,你的老板就像是你曾经的老师,你的一切小心思他都了如指掌。有时候他选择不挑明,只是在给你改过的机会或者正在给你积攒开除的理由!因此,若想得到老板的赏识,最终靠的还是我们的工作业绩。只有有了真本事,做出了真成绩,你才能得到赏识。不要觉得自己是千里马老板就有义务是伯乐,若真有千里马的才能,就一天跑上千里,你自然就会遇上赏识你的伯乐!当然,有伯乐来赏识的千里马,自然会是一匹幸福的千里马!

3 业绩是检验员工的唯一标准

“为什么没有业绩?”领导可能常常会这样问你。“为什么没有业绩?”你也可能常常这样自问。是自己太懒散了?是竞争太激烈了?是其他人不配合你?是家里的琐事干扰了你?……不要再找客观原因了,没有业绩的原因在你自己,和其他因素没有太大关系。我们最终追求的是结果。任何一家单位都不可能允许你一而再再而三地做不好,也许你足够努力,但没有结果,那么再辛苦的过程也只能等于零。

有一次,张顺和几十个同学去旅游,她临走前准备了一个大旅行杯,杯子里准备了开水,以备渴了之后喝。她把杯子放在自己的大旅行包中,一路上虽然有些沉,但她觉得一会儿上山肯定会口渴,到时就有用了。

当他们爬到半山腰时,张颖和几个同学都觉得口渴了。于是张颖得意地说:“没事,我带了一大杯子水。”说着,翻开旅行包,拿出旅行杯。但是令人遗憾的是,一大杯子的水因为盖子没有拧紧几乎全都洒了。张颖气坏了,抱怨道:“我辛辛苦苦背了一路,现在连一滴水也没剩下,就因为没拧紧盖子,真是气死我了”。

这时,一起同行的同学说:“说那些没用,总之,最后的结果是一滴水没有,我们还是解决不了口渴。”

这句话虽然听起来有点不尽人情,但却说出了一条职场规则:辛苦不会为业绩加分,疏忽也不能成为失败的理由。没做好就是没有业绩,而没有业绩是任何一个领导都不愿意看到的。工作其实就像一道填空题,考试时,老师给我们出了一道算术题要我们填空,虽然我们在草稿纸上计算的时候,用的公式、方法都正确,用了大半张纸来演算,但最后你把错误的结果写了上去,仍然不能得分。工作也是这样,没有业绩,你的得分就只能是零。

张倩、李丽和刘艳艳学历相当,而且是同一批进入这家公司的,现在张倩和李丽都有了丰厚的业绩,还有希望在明年得到进一步的提升,可刘艳艳却面临被解雇的尴尬。

坐在办公桌前,刘艳艳回首这一年来自己的工作。她觉得自己从没有松懈过,也没有犯过什么错误,只是整整一年,自己都没有接到什么大单,也许这是整个行业都不景气的缘故吧。刘艳艳这样安慰自己。

可是,张倩的客户资源却依然丰富,她整天都在忙着与客户见面、谈判。李丽也一样,即使在去年整个行业都不景气的前提下，她还是接到了好几笔大单。

刘艳艳对自己鼓起勇气说：“我要再努力一次。”于是，她找到了为人和善的业务主管，希望业务主管能够给她一次机会。主管正在办公室查阅文件，刘艳艳敲了敲门，主管示意她进来。刘艳艳说：“我希望您能再给我一次机会，我相信这一次我一定能做好。”主管正要说话时，电话铃突然响了起来。主管拿起听筒，刘艳艳也能隐约听见电话那头是公司总部。让刘艳艳感到伤心的是，她听到电话的另一端正在向主管下达解聘自己的命令，虽然主管竭力向对方说明刘艳艳是个不错的员工，但是对方只是沉默了一会儿，还是说道：“我们也看到了她工作很努力，很用心，她的确是个不错的员工，但是很遗憾，她可能并不适合在我们公司，因为一直以来，她都没有像其他员工一样用业绩证明自己的优秀。实在没有办法，她必须离开，因为公司是要发展的，任何人都不能拖公司的后腿。”

刘艳艳没有再说什么，默默地离开了公司。

市场经济下，公司和企业要想获得好的生存和发展，就必须要创造价值，而公司和企业价值的获得靠的是每一位员工的业绩。一个员工无论你每天多么辛苦多么努力地工作，如果总是没有业绩，公司赚不到钱，又拿什么给你发工资呢？俗话说，“是骡子是马拉出来溜溜”，多么浅显易懂的道理，这种敢于拿业绩说话的勇气正是每一位工作人员都必须坚持的，它提倡的就是一种敢于“亮剑”的精神，是一种英雄的气魄，也是一种敢作敢为的信念！所以，当老板向你要业绩时，不要觉得他苛刻，这是市场法则，你要做的就是遵循它，用自己的能力换来可喜的业绩，用你的业绩来证明你的优秀。

王强、张瑞和刘佳明在上中学时就是同班同学，他们又一起进入大学，之后更为巧合的是他们进入了同一家公司。

但是他们的薪水却大不相同：王强的月薪是5000元，张瑞的月薪是3500元，而刘佳明的月薪却只有1500元。

有一天，他们的中学老师来看望他们，在得知他们的薪水差距如此之大后，老师找到了他们老板。老板没有解释，只说："这样吧，我现在叫他们三人做相同的事情，你就会明白了。"老板把三人同时找来，然后对他们说："现在请你们去调查一下停泊在港口的船。需要将船上毛皮的数量、价格和品质都详细记录下来，并尽快给我答复。"

一小时后，三人都回来了。

刘佳明先做了汇报："那个港口有一个我的老朋友，我给他打了电话，他愿意帮我们的忙，明天给我结果。所以，我准备今晚请他吃饭，您放心，明天一定给您结果。"

接着，张瑞把船上的毛皮数量、品质等详细情况给了老板。

轮到王强的时候，他先报告了毛皮数量、品质等情况，除此，他还将船上最有价值的货品详细记录了下来。接着，他说他已向老板秘书了解到老板的目的是要在了解了货物的情况后与货主谈判。于是，回程中，他又打电话向另外两家毛皮公司询问了相关货品的品质和价格等。

顿时，老师恍然大悟。

市场是无情的。如果没有可持续的业绩，世界上任何一家企业都有可能关门大吉，即便是微软、GE、IBM。职场是残酷的。如果不能在其位谋其政创功劳出成果，世界上任何一个人都有可能下岗，哪怕是杰克·韦尔奇、卡莉·费奥利娜、艾柯卡。这不是说职场就不需要像老黄牛那样勤勤恳恳地工作，而是勤恳必须要有结果才能得到认可，否则再辛苦也只能等于零。

1993年，举世瞩目的大企业IBM亏损惨重，正面临着即将分崩离析的局面，此时郭士纳临危受命，出任了IBM的董事长兼CEO。

他一上任，就宣布要让IBM扭亏为盈，而他的第一项措施就是裁员。这次行动中，至少有35000名员工被辞退。要知道，之前IBM公司一直都奉行"不解雇政策"，这让很多IBM人都感到自豪，而公司的创始人托马斯·沃森更是把它作为IBM企业文化的重要支柱，因为这可以让每一个IBM人都觉得公司安

稳可靠。但是，郭士纳为什么要公然废掉这一政策呢？

在一份备忘录中，郭士纳说出了自己的理由：“在你们（被裁员工）当中，不少人为公司效忠了多年，但是到头来反而被宣布为‘冗员’，这当然都会让你们伤心愤怒。但大家都必须明白，此举势在必行。”裁员行动结束后，郭士纳对留下来的员工说：“有人总是说，自己为公司工作了这么多年，没有功劳也有苦劳，但始终没有升职，也没有加薪。我想说的是，那些抱怨的人啊，你如果真的想要多拿薪水，想要尽快升职，那么就请你多拿出点成绩给我看看，请你为IBM创造出最大的效益。总之，业绩是你唯一的证明！”

这一政策果然奏效，通过一系列的治理整顿和改革，郭士纳仅用了六年的时间，就把IBM这个曾经的叱咤风云的偶像企业拯救于水火之中。如今，IBM又重新走上了业绩增长、帝国复兴的康庄大道。这不能不说是郭士纳“业绩是你唯一的证明”政策的功劳。

是的，你可能在工作中是有苦劳的，你可能在自己的岗位上干了十几年，你可能在某个项目上经常加班加点，你可能在某项工作上投入了大量精力。但是，没有结果，有苦劳又能怎么样呢，工作中，我们只需要记住这样一句话：功劳是有效的业绩，苦劳是无效的消耗！

4 不以资历论英雄，唯以业绩论成败

所谓资历，是从事某项工作所具备的资格和经历，它可以在一定程度

上反映一个人的能力和水平。但资历并不等于一切。过去,有人将“学历、资历、论文、外语”戏称为传统职称制度中的“四大法宝”,那种千军万马拥挤在一座“职称”独木桥上的情景至今仍让很多过来人记忆犹新。曾几何时,人们为了评职称,恶补外语、发表论文、考取学历,当然还有最简单的就是熬年头,等到自己成了单位里的老前辈了,就什么都有了。但是,在现代企业和事业单位中,论资排辈儿的事越来越少了,一切都不一样了,“不唯学历,不唯资历,以业绩和能力说话”越来越成为现代社会用人单位衡量人才的“第一法宝”。

有一次,一名记者赴日本采访。在船上,他碰到这样一群人:23 名人员都是来自同一家单位。经过谈话,记者得知他们这次旅游完全是单位出资,特意犒劳他们这些有功之臣的。不过,令记者感到惊奇的是,这 23 人中,朝气蓬勃的青春面孔竟然占了总人数的 85%。

于是,记者当即决定为此对他们的老总做一个专访。凑巧的是,经过攀谈他得知老总就在船上,见面时,记者万分惊讶,原来老总看上去也不过三十几岁,真是大大出乎意料。记者开门见山地说:“我看到这次出来旅游的绝大多数都是年轻人,这是为什么?”

“很简单,因为他们有业绩,为公司创造了财富。”老总平静地说。

“那么他们这么年轻能挑起公司赋予的重任吗?”

“当然行,因为他们良好的业绩已经向我证明了一个事实:资历虽然可以让你拥有更多的经验,但并不一定能增加你的业绩;而业绩的创造却需要绝对的能力。”

记者还了解到,这次赴东瀛樱花之国旅游的员工都是生产技术一线业绩突出,由基层推荐出来的骨干,他们当中青工占绝大多数。而且在这批度假的青工中,有许多人还拿到了数万元的奖金。

老总说:“那些为企业发展做出突出贡献、辛勤工作的,为企

业进步奉献聪明才智的，以及那些致力于提升企业管理水平的各层有功人员理应得到赞扬和奖励，无论他们是老员工还是实习生！”

实际上，现在越来越多的企业已经意识到业绩的重要性，也认识到资历并不等于业绩，所以，现代企业里出现了越来越多的年轻骨干，并且成了企业的中坚力量。但是，如果恰巧你的公司仍旧存在着很强的“资历”风气，该怎么办呢？千万不要一味地抱怨或是对老资历的人不屑一顾，此时不如提高自己的能力，做几件像样的事出来，毕竟无论什么样的公司总是要有人做事的。

小王大学毕业后就顺利地进入了一家大型国有企业，然而，刚刚进入工作岗位的小王却遇到了很多麻烦。那就是由于自己是大学生，所以工资和那些老员工是同样的。而那些自认为是元老级的人物个个都对小王充满了敌意，觉得他不过是刚毕业的学生，什么也不会做就拿这么多的工资对他们来讲太不公平了。

于是，每当有脏活累活，这些“老人”就吩咐小王去做，每次领导来检查，说做得不错的时候，这些人又都抢着说：“应该的，应该的。”好像这都没有小王什么事似的。小王觉得特别委屈，但是他转念又一想：“没什么，‘好酒不怕巷子深’，我就不信没有出头的时候。”从此之后，凡是小王碰到的活儿，他都积极去做，并从中积累经验。而他做的多了，自然被领导看见的机会也就多了，哪怕做了10件事，只被领导知道了1件事，他也毫无怨言。

有一次，车间原来的检测设备出了故障，领导十分着急，亲自督导各路人马进行检修。原来那些老员工自然也都积极参与，但始终没有人将设备修好。这时，小王利用他的理论知识，再加上这些日子他积极做事积累的经验，想到可能是设备中的某个地方出了问题。于是，他向领导请示，自己愿尝试一下。领导惊讶地望着小王说：“行吗？”小王也坚定地说：“我试试吧。”小王按照自己的想法检测了一遍，果然找到了故障点，问题也迎刃而解了。

车间领导露出了惊喜的表情。没多久，小王就被提拔当上了技术组的副组长，有不服气的老员工找领导理论，说："我们做了这么多年，还不如他一个刚毕业的学生？"领导只说了一句话："他做出了成绩。"

其实，无论是谁，无论在什么样的企业，都会遇到资历的问题。如果你是新人，没有关系，"是金子早晚会发光"，资历不过是过去的证明。所有员工都是站在同一起跑线上，谁的业绩更突出，谁就能胜出；如果你是有资历的人，那么请你不要捧着资历做事，领导要的是业绩，而不是资历；要的是现在的成绩，而不是过去的荣耀。

5 用一流的业绩赢得老板的肯定

几乎每一个公司都会有那么几个炙手可热的"红人"，他们似乎有某种魔法，总能赢得老板的心，让老板对他们厚爱有加。这些人都有一个共同的特点：他们一定是老板的得力干将，并能为公司持久创造效益。天下没有白给的薪水，每一位老板都希望自己的每一分钱都能产生效益。

李嘉诚是家喻户晓的华人富豪。然而无论是在媒体的镜头中，还是在集团的内部会议中，他总是会与一位头发花白的中年人比邻而坐，两人或是窃窃私语，或是谈笑风生。李嘉诚集团的很多重大决策，却常常就是这样诞生的。

那位中年人不是别人，正是李嘉诚的得力干将，和记黄埔的

总经理霍建宁。而霍建宁的薪酬更是令人咂舌，按照香港一年240个工作日计算，霍建宁平均每个工作日的工资就是62万港元，用“日进斗金”来形容一点也不过分。他曾连续六年蝉联香港“打工皇帝”的冠军，当然这一冠军的头衔也不是白白得来的，对企业付出的努力、做出的业绩都是有目共睹的。也就是说，业绩成就了他“打工皇帝”的美名。

像翟建宁这样有着突出业绩，能够为老板创造巨大经济效益的员工，才是老板眼里真正的“红人”，才能获得优厚的回报。接下来，我们再看看另一个“打工皇帝”唐骏的事迹：

唐骏最初进入微软时，只不过是一个普通的程序员，年薪只有几万美元。当时，微软正在全球范围内推广 windows 操作系统。为了克服各国语言间的巨大差异，微软特地组建了一支300多人的开发团队。他们的做法是：先开发出英文版，再在英文版的基础上开发其他语言的版本。但这并不是简单的将英文翻译成其他语言那么简单，几十个人需要力拼半年，才能做出来一个像样的其他版本。

尽管唐骏刚刚进入微软公司几个月，但他很快就感觉到这种方法效率低下，很容易贻误商机，而且常年雇那么多人做新版本，成本也太高。于是，白天唐骏和那300多人一样埋头苦干，业余时间他在家里动起了脑筋，重新设计软件架构。半年后，他编写出了几万行的代码，经过反复运行，检验成功后，拿到了老板面前。3个月后，微软总部接纳了唐骏的方案，300多人的开发团队也一下缩减至50人。就这样，立了大功的唐骏在进入微软一年之后，就被快速提升为“开发经理”，带领一个团队，对微软的操作系统进行全方位的改进。

2002年3月，进入微软仅8年的唐骏，凭着自己的辉煌业绩，担任了微软中国区的总裁，成为了名副其实的“打工皇帝”。

只有有了良好的业绩，才能赢得老板的芳心，获得老板的肯定。所以，当你觉得自己不被老板重用时，不妨先问问自己：“我直接或间接地为企业创造经济效益了吗，创造了多少?”如果你的答案是肯定的，而且能够信心满满地告诉自己“我为企业创造了可观的经济效益”，那么恭喜你，因为你绝对已经赢得了或者即将赢得老板的肯定与赏识。而如果你给出的答案是否定的，或者心里根本没有答案，那么，请继续努力吧，做出了一流的成绩你自然能够获得老板的肯定!

第六章　不断提升自己，智慧提升你成功的指数

1

为企业工作，也是替自己打拼

每一个人都不能回避这样一个事实：你首先需要生存，需要养活自己及家人，在这个前提下才能谈到个人的愿望和追求，才能过自己想要过的生活。因此，你需要一份工作，而且必须努力干好这份工作。工作能获得薪水，获得报酬，为我们带来足以养家糊口的收入，所以工作是我们生存的根本；通过工作，人们获得了金钱和生活保障，这是一个社会人最为直观、最为基础的自我满足。从你踏上工作岗位那天开始，你的企业、老板就为你的工作支付了金钱，也就是你每个月所领取的薪水。

不管是怎样伟大的人，不管他有多么宏伟的理想，也得先填饱肚皮，有了基本的生存保障后才能再谈其他。

某家销售公司要提拔一位市场经理，经过层层选拔，王林和张帅成为最后的竞争者。他们两个人不管是工作业绩还是工作态度，都非常突出。综合比较来，两个人难分伯仲，但这个职位只需要一个人。一周后，张帅成为了市场部的新经理。

王林来公司的时间比张帅早，可以说是公司元老级的人了，他感觉自己准能胜出，对于竞争失败，王林一直心怀不满。后来，王林终于明白：自己其他方面并不比张帅差，主要原因是张帅曾经在世界500强企业的市场部工作过，有着广大的人脉网，并且其工作能力深受领导的好评，此外，由于张帅来自农村，生存压力也更大，工作起来自然更卖力。果然，张帅在市场部经理的位置上，利用自己手中的资源，很快为公司拿下了几个大单。这下，王林心服口服了。

可见，一个人的技能和经历是他的核心竞争力，这些才是决定一个人是否在公司拿高薪的关键。作为普通职员，薪水与领导相差是很悬殊的。如果你的能力能超过他们，那你也能得到他们一样的高薪。

工作是实现自我价值的工具。没有工作，我们再有能力，再有本事，再有通天的才华和远大的理想，都没有展现之地，没有依附之处，什么能力、本事、才华也就不过是一句空话，没有任何意义。而一旦有了工作，我们会在工作中展现我们的能力，达到我们的理想，实现我们的价值。

也就是说，归根结底，我们工作其实还是为了我们自己，为自己的生存、为自己的理想、为自己的需要、为自己的价值。我们为企业工作实际上也是在替自己打拼。

小张是某企业终端科的科长，负责对销售终端布置的规范性进行指导和提供咨询。小张除了完成自己的本职工作外，还喜欢参与一些相关的工作——企业培训导购员。他是组织、策划和对口管理者；凭借灵活多变的谈判能力和对消费者需求的熟知程度，积极参与促销活动所需的礼品采购；他还承接了信息收集工作，每日安排专人为企业高层与相关职能部门整理、报送各项最新资讯……同事都觉得小张是“傻瓜”，甚至有人还对他冷嘲热讽。小张对此处之泰然，他说：“我不光是为老板打工，更不是为了赚钱，我是在为自己的梦想打工，为自己的前途打工。我要在工作中提升自己，要使自己工作所产生的价值远远超过所得的薪水。只有这样，我才能得到我想得到的东西——工作中的知识和经验。”

一年以后，小张的下属已经从最初的几人增加到了几十人，随着部门的扩大和职能的增多，他所在的部门由科级升为处级，小张也随之升职。

要想在工作中得到成长，首先要树立正确的观念——工作是为了自己。现实生活中，很多人都没有明白“公司是老板的，收获是自己的”这个浅显的道理，结果错过了机会。聪明的员工明白为企业工作的同时，也是在为自己打拼。多干一分活，你的能力就增加一分。你的影响力同时也增加一分，最终受益的还是自己。

吉姆在一家五金商店做售货员，最初每周只能赚两美元。他刚开始工作时，老板就对他说："你必须掌握这个生意的所有细节，这样你才能真正成为一个有用的人。"

"一周两美元的工作，还值得认真去做？"与吉姆一同进公司的年轻同事不屑地说。

但这份在别人看来简单得不能再简单的工作，吉姆却干得非常用心。

经过几个星期的仔细观察，吉姆注意到，每次老板总要认真检查那些进口商品的账单，而那些账单使用的都是法文或德文。于是，吉姆开始学习法文和德文，并在工作之余仔细研究那些账单。一天，在看到老板检查账单时流露出的劳累和厌倦神情时，吉姆主动要求帮助老板检查账单。由于他干得非常出色，从此账单自然就由吉姆接管了。

一个月后，吉姆被叫到老板的办公室。老板对他说："吉姆，公司打算让你主管外贸。这是一个相当重要的职位，我们需要能胜任的人来主持这项工作。目前，在我们公司有20名与你年龄相当的年轻人，只有你工作踏实认真、一丝不苟。我在这一行已经干了40年，你是我亲眼见过的真正工作认真负责的年轻人之一。"

吉姆的薪水很快就涨到每周10美元。一年后，他的薪水达到了每周180美元，并经常被派驻法国、德国。他的老板评价说："吉姆很有可能在30岁之前成为我们公司的股东。在工作中他经过一步步的努力，积累了大量的知识，并以自己的实力得到了升迁的机会。"

员工为老板打工，老板付给员工报酬，这是员工价值的一种体现。但是，除了工资，工作中还蕴含着许多有用的知识。我们在工作中获得的报酬除金钱外，最大的收获就是知识和经验，还有良好的培训、职业技能的提高和个人品德的完善。这些东西，都是我们人生成功的基础和资本，是我们努力打拼的收获。而且这些收获，将会使我们受益一生。为企业工作，也是在为自己打拼；为老板效力，其实也是为自己奋斗！

2 不断学习，职业才能更安全

人生需要不断的学习和磨练，因为那是提高自我的一扇大门。只有通过不断的磨练和学习，目标才会实现，职业才会安全。同时，要想达到我们对工作各阶段的目标和理想的唯一途径也是不断学习，不断提升自己。

作为一个员工，不论是在职业生涯的哪个阶段，学习的脚步都不能停歇。如果你热爱自己的工作，则随时都可以在身边发现值得学习的东西，而这些才是对工作最有帮助的学习内容。

小洪是薄老师曾经带过的一个学生，刚进工厂时他才20岁。进入工厂不久，他就从工厂辞了职，开始从事业务员的工作。由于他刻苦努力，对人热情，业务能力很快就有了提高。一天，小洪找到薄老师，问："我想去一家销售英文教材的机构做销售员，可是对方的招聘要求是本科学历，英语四级以上，我该怎么办呢?"薄老师微笑着说："你只要告诉他，你有一颗积极向上的热爱学习的心就可以了。"于是，面试的时候，小洪如实回答说："我不是本科生，英文也不好，但我有一项超强的本领，就是学习，并很快能够把东西卖出去。"

小洪很顺利地被录取了，并在很短时间内成为了该机构的销售精英。看到小洪如此优秀，该机构决定派他去另一个城市做销售负责人。然而由于小洪的老婆快要临产，小洪决定辞职。

老婆生产后，经薄老师介绍，小洪去到了一家经营状态不是很好的店面，并成为这家店的销售负责人。结果，不负所望，小洪在到该店的一个月时间内就做了几十万的销售额，相当于该店之前半年的营业额。由于小洪只要一有时间就会拿起书本来学习，因此对于店面的管理他也有了一套理论，不久之后，小洪协助老板规范了全套的销售管理程序。协助老板完成这些之后，小洪决定到大企业去锻炼锻炼，长长见识。有了之前的经验积累，小洪很顺利地就成为了某大企业的销售人员。一年之后，他已经是该大机构的销售副总裁。

学习，从来都不是件小事。只有善于学习的员工才能成为企业的中流砥柱，才能被企业依赖，才能让自己的职业更安全。

从管理者的角度看，管理者如果不学习就无法胜任日益繁重的工作。领导不重视学习就如同瞎子骑马、盲人摸象，不仅自己当不好这个“官”，更要紧的是，这样的“官”多了企业也会跟着遭殃。而从最底层的员工来说，只有不断学习，才能提高自己的工作能力，才能让自己在职场中自由翱翔。不断提高自己，才能让自己不被企业和社会所抛弃。

小黄刚来厦门的时候，是一个工厂的工人。后来，听人说电脑非常重要，她就想去考计算机等级。后来有个朋友告诉她，考等级用处不大，还不如去学软件设计。于是，她去到了北大青鸟学习。第一次去的时候，老师说了两件事：一是一学期的学费5000元左右，二是像她这样的女生学起来很困难。

而当时的情况是，她的口袋里只有2000元，而且她觉得这是她想要的职业。为了争取这一次学习的机会，她决定去找校长商量分期付款，看到她对学习的渴望，校长同意并让她课余做一些辅助的教务工作，增加点收入，顺便将学费和生活费解决。

开始学习的时候，小黄觉得很吃力。但是，她觉得只要付出

努力自己就一定可以。她每天学习到凌晨2点，早上7点就又起来学习。一个月后，因为身体实在吃不消，她才改变了原来的时间安排：每天学习到晚上11点，凌晨4点再起来学习。

从一个普通的程序员做起，不到三年小黄已经成为了一个项目经理。她有很好的工作习惯，笔记随身带，做事都是先思考清楚再行动，因此，做事条理清晰，文档也做得很齐全。而且，她每天的生活除了工作，几乎就是在学习。

中国有句老话：活到老，学到老。我们的一生无时无刻不处于学习之中。学习犹如逆水行舟，不进则退。因此，无论是老板还是员工都必须做到每会必到，每到必全。每会必用，学要用到。同时，学习还要讲速度，生意场上有这样一句话：一“偷”二“抢”，“偷”信息，“抢”时间。学习他人的长处来弥补自己的短处。

从前有一个穷人，看见一个富人生活得很好，于是对富人说，先生，我愿意为你打工3年，不求一分钱，只是有吃有住就行了，这位富人觉得很划算，立即答应了。三年过去了，穷人离开了不知去向……

10年过去了，那个昔日的穷人变得非常富有，而以前那个富人相比之下，就显得寒酸了，于是昔日的富人向昔日的穷人说：我愿意出50万买你成功经验。那位穷人说，我是在你那儿学到的呀。

智慧源于学习、观察和思考，变成富人的捷径就是向富人学习。过去的失败不等于现在失败，过去的辉煌不等于现在辉煌。所以，过去的成功与失败不重要，重要的是现在和将来。

在学习方面，每个人都是多学少挫，少学多挫；少挫多学，多挫少学。因此，当遭遇失败时，不要灰心不要丧气。只要你不断学习，那么你就能将工作做到最好，这是让自己的职业更加安全的唯一途径。

3

不急不躁，每天进步一点点

通往失败的路上，处处都是错失的机会；坐等幸运从前门进来的人，往往会忽略从后门进入的机会。同样，过于急躁的人也难以看到机会的降临。

只有当你能以积极主动的态度，努力改进自己的工作，驱策自己不断前进，不急不躁，才能使自己从激烈的竞争中脱颖而出。

张俊超，是某企业的一名员工，他的父母都下了岗，因此，生活非常困难。高中毕业后，因为不想让家里负债给他交学费，他不得不放弃了上大学的机会，到了现在的企业做了一名普通的工人。但是，他不像一般工人一样，拿一分钱干一分工作。他每天都在工作中不断学习，想办法充实自己，努力改变自己工作的境况。

两个月后，他被部门经理叫到了办公室。部门经理的年纪比较大，是那里的元老级人物了，他说："我在这个行业里干了30年，根据我的观察，你是唯一一个每天都在要求自己不断进步、不断在工作中改变自己、以适应工作要求的人。从这个公司成立开始，我也一直想物色一个助手。但这项工作所涉及的面太广，工作比较繁杂，需要的知识也很庞杂，对工作的适应能力要求很高。现在，我们选择了你，认为你是一个十分合适的人选，我们相信公司的选择没有错。"

尽管张俊超对这项业务一窍不通，但是，他凭着对工作不断钻研、学习的精神，让自己的能力不断地提高。半年后，他已经完全胜任这项工作了。一年后，部门经理退休，经过大家的推举,他接任了这个职位。

文凭和经历只能代表过去,在工作中,只有勇于负责,每天都有所进步的人,才能够成为一个卓越的职员,抓住机遇,顺势而上。

然而,大多数人的弊病是,他们认为改变自己应该是一件一蹴而就的事情。他们不知道改变的唯一秘诀乃是随时随地要求自己改进,在工作中不断学习、钻研。

“今天我们应该在哪里改进我们的工作?”如果把这句话挂在自己的办公室里,那么,你的工作能力就会达到一般人难以企及的高度。

人的身体之所以保持健康活泼,是因为人体的血液时刻在更新。同样,作为公司的一名职员,只有不断地从学习中吸收新思想,不断地提升自己的思考能力,才能够从工作中获得不断改进的方法。

不断改进如果成为一种习惯,员工将受益无穷。一名不断改进自己工作的职员,他的魄力、能力、工作态度、负责精神都将会为他带来巨大的收益。一个不断改进的老板,不但会感染自己的员工与他一同改变日常的工作,还能让自己的事业每天都向前滚动、壮大。

一个积极的成功者,每天在工作之中都要求自己有所改变。他们害怕退步,恐惧落伍,因此,总是自强不息地力求让自己每天的工作都有所进步。因为他们明白,成功不是一蹴而就的事情,只有每天进步一点点,才是自我超越式的修炼,才能让事业走向成功。

4 拒绝浮躁,做事不要贪大

如果要问成功路上有什么障碍的话,浮躁绝对是其中最大的障碍之一。浮躁的人是心神不定的人，难耐寂寞。无论做什么事情，他都很难保持心平气和，总想着一出手便是大手笔，一夜便能成名，而顾不上去想自己究竟有多大的实力与能力。

想要成功，就要懂得拒绝浮躁，并且甘于从细小的地方做起。只有从细微处着手，做好每一天应该干的细小工作，才能真正踏上自己的成功之路。正如沃尔玛的创始人萨姆·沃尔顿所说："只要你热爱自己的工作，你每天就会尽自己的能力力求完美，而不久你周围的每一个人也会从你这里感染这种热情。"把一件平凡的工作做好、做深、做细，经得起别人的检验，自然也就能引起别人的关注。

> 一位硕士应聘去了一家外企，让他没想到的是，他每天的工作基本等同于普通文员：拆信、看信、翻译、整理校对；整理校对，再拆信，再看信，再翻译，再又整理校对……周而复始，无休无止。
>
> 虽然工作量大又枯燥无味，可这位员工依旧很耐心、很仔细地做着每天的工作，表现得不急不躁。一段时间后，这位硕士员工升职了，成了部门经理的助理。其他一些部门主管表示不理解，总经理给出的理由是：一位硕士，又是男性，居然可以耐得住寂寞，每天做那些枯燥乏味的工作，并且工作仔细，任劳任怨，这充分展现了他身上的那种细致、耐心、忠诚与敬业等优秀品质。这些恰恰是一个优秀员工必备的良好职业素质，企业需要而且必须重用这类员工。他们无论在哪个岗位，都能做到最好，都足以令人放心。

按一般人理解，一名优秀人才，例如那名硕士，完全可以借大材小用等诸多理由，去找上司理论，要求换岗或者跳槽走人。然而那名硕士员工却依然可以做到兢兢业业，这就说明他并不是个心浮气躁的人。而这也正是总经理所关注到的，一个踏实做事，不虚浮的员工，永远都会是企业最青睐的员工。

海尔总裁张瑞敏有句名言："什么是不简单，把每一件简单的事情做好就是不简单。什么是不平凡，把每一件平凡的事情做好就是不平凡。"

按道理说,平凡的事情,容易的事情,应该更能做好,可偏偏很多人却不愿意去做,原因还是在于:浮躁。

新学期开学,德国格丁根大学医学院的亨利教授迎来了他的新生。上课后不久,亨利教授就把自己多年的心血,所有的论文手稿分发给了每个学生,让他们重新抄录一遍,要求字迹工整,详细无误。学生们翻开教授手稿,发现手稿已经非常工整,根本无重抄的必要。几乎所有学生都认为教授是在浪费他们的时间与精力,只有傻子才会相信教授的话,真的把这写手稿重抄一遍。

出人意料的是,还真有一个听话的"傻子",每天都坐在教室里认真地抄写这些论文手稿。"傻子"的名字叫罗伯特·科赫。一个学期很快就过去了,科赫把自己抄好的手稿送到了教授的办公室。看着科赫满脸的疑问,一向和蔼的教授突然严肃地对他说:"孩子,我向你表示由衷的敬意!因为只有你完成了这项抄写工作,而那些我认为很聪明的学生,竟然都不愿做这种繁重、乏味的工作。"

教授又接着说:"从事医学研究的人,不光需要聪明的头脑和勤奋的干劲,最重要的是,一定要具备一丝不苟的精神。作为年轻人,往往急于求成,这样很容易忽略细节。要知道,医学上的任何一个差错,都可能是人命关天的大事!我让你们做那些抄写手稿的工作,既是让你们学习医学知识,也是让你们进行一种心性的修炼。"

一番话深深触动了年轻的科赫。在此后的学习和工作中,科赫一直牢记着教授的话,踏踏实实,保持着严谨的学习心态和研究作风。正是这种踏实严谨的工作态度,让他成为人类历史上首次发现了结核菌和霍乱菌的科学家,他也是第一个发现传染病起因的科学家。1905年,鉴于科赫在细菌研究方面的卓越成就,瑞典皇家学会将诺贝尔医学奖授予了他。

科赫的成就得益于他的心性修炼,是一种战胜浮躁的胜利。职场竞争中，最强大的对手不是别人，而是自己。在全社会都浮躁不安的背景之下，要保持一颗不骄不躁的心态，是有一定困难的。但这并不代表我们就可以浮躁，就能够忽略小事，投机取巧。

许多刚入职场的人，总想着一步登天，巴不得第二天就当公司老总。要他们从底层做起，他们认为是大材小用。他们对自己的评估往往超出人们的想象，仿佛他们生就是经天纬地之材，安邦济世之栋，他们要做的是“扫天下”的大事，而不是“扫一屋”的小事。

东汉末年，一个叫陈蕃的人，从小志向高远。有一天，他父亲的朋友薛勤来做客，看到院子里面杂草丛生，一片荒凉，就责备他说：“你这孩子，怎么不把院子打扫干净啊？有你这么招待客人的吗？”陈蕃却大言不惭地说：“男子汉大丈夫，应当以治国平天下为己任，小小一个院子有什么好打扫的？”薛勤听了，有点奇怪，便反问了他一句：“小小院子都不肯清扫，你又凭什么去扫天下呢？”陈蕃听了，羞愧之中深受教益，终于成就了一番大事业。

“一屋不扫，何以扫天下”，可世上很多人偏想“扫天下”却极少肯安下心来“扫一屋”。小事不愿做，不屑做，拒绝做，干大事就只能是空想。许多成功商人很多是做小生意起家的，世界最大的百货零售商是沃尔玛，世界最大的快餐店是麦当劳，他们每天的销售额数以亿计，但他们都是通过一个个针头线脑和一个个汉堡鸡腿的积累，通过我们一元两元的消费，才堆积成巍峨的财富大厦。

好高骛远和志存高远的区别就在于能否脚踏实地地为目标的实现而付出足够的努力。路标永远指向前方，却只有脚踏实地的人才不会摔跟头，只有实实在在地走好每一步，才能够为自己赢得成功的机遇。

水从高原流下，由西向东。渤海口的一条鱼却想逆流而上，它的游技很精湛，因而游得很精彩，一会儿冲过浅滩，一会儿划过激流，它穿过了湖泊中的层层鱼网，也躲过无数水鸟的追逐。它不停地游，最后穿过山涧，挤过石隙，游上了高原。然而，它还没来得及发出一声欢呼，瞬间却冻成了冰。

若干年后,一群登山者在高原的冰块中发现了它,它还保持着游动的姿势。有人认出这是渤海口的鱼。

一个年轻人感叹说:这是一条勇敢的鱼,它逆行了那么远、那么长、那么久。

另一个年轻人却为之叹息,说这的确是一条勇敢的鱼,然而它只有伟大的精神却没有伟大的方向,它极端逆向的追求,最后得到的只能是死亡。

如果一味好高骛远,那你就在人生操作上就犯了一个大错。你以为可以不经过程而直奔终点,不从卑俗而直达高雅,舍弃细小而直达广大,跳过近前而直达远方,那其实都是不可能的。心性高傲、目标远大固然不错,但目标就像靶子,必须在你的有效射程之内才有意义。如果目标太偏离实际,反而无益于进步。同时,有了目标,还要为目标付出努力,如果你只空怀大志,而不愿为理想的实现付出辛勤劳动,那"理想"永远只能是空中楼阁。

李嘉诚说:"不脚踏实地的人,是一定要当心的。假如一个年轻人不脚踏实地,我们使用他就会非常小心。你造一座大厦,如果地基打不好,上面再牢固,也是要倒塌的。"

因此,职场人要想实现自己的梦想,就必须调整好自己的心态,打消投机取巧的念头,从一点一滴的小事做起,在最基础的工作中,不断地提高自己的能力,为自己的职业生涯积累雄厚的实力。

许多人刚步入职场,就梦想明天当上总经理;刚创业,就期待自己能像比尔·盖茨一样成为富人之首。要他们从基层做起,他们会觉得很丢面子,甚至认为这简直是大材小用。这样的人注定不会实现梦想。

世界上大多数人都是平凡人,但大多数平凡人都希望自己成为不平凡的人,一心梦想成功,希望才华获得赏识,能力获得肯定,拥有名誉、地位、财富。不过,遗憾的是,真正能做到的人,似乎总是少数。因为,他们没有量力而行,没有脚踏实地地走,总是在经意或不经意之间陷进了好高骛远的泥潭,一个高远的志向也不能达成,一生都在郁郁不得志中沉浮,反倒将自己的信心和毅力消磨殆尽,人生的乐趣也因之而消散得干干净净。

理想很丰满，现实很骨感。不是所有的梦想都能到达它要去的地方，更不是所有的志向都能像你的心中所想，更不是每一个人都可以成为人上之人，都可以超越平凡。所以，不要好高骛远，不要浮躁，学会脚踏实地，一步一个脚印，从最小的目标做起，一点一点向高处进发，才是走向成功的正确之路。

5

走自己的路，也听别人怎么说

在文艺复兴时期，伟大的诗人但丁就曾说："走自己的路，让别人说去吧。"这句话很为马克思所赞赏，直到今天，仍然是很多人生活中的座右铭。

在现实生活中，每个人都有双重属性：自然属性和社会属性。所以，每一个人的周围都有无数的规则、制度、观念约束着他。在某种意义上，这对社会的发展和变革未尝不是一件好事。但具体到个人，社会上的某些规则、制度、观念会常常使人陷入被动的境地。所以，人们都十分信奉但丁的这句格言。

然而，对待"是否听取别人意见"这个问题，我们要有一分为二的态度，既要坚持自己的方向，同时，也要多听取别人的意见，避免一意孤行。

但是，当别人的观念和言论成为套在你头上的"紧箍圈"时，你就会因此失去自己对事物的判断能力。如果处处用别人的意见来左右自己的行动，就永远无法让自己真正地成熟起来。

如果你渴望成功，你就要中道而行，对事物既有自己正确的判断力，又不要太在乎别人怎么说。所以，要活出真正潇洒的自我，才能实现自己的人生理想和追求。

李佳是一个刚从学校毕业的大学生，走出校门后不久，就很“幸运”地获得了第一份工作，在某餐饮公司当服务生。因为他在服务员里，学历最高，所以很受老板的青睐，两个月以后就被提拔为餐厅的主管，并且还被推荐参加了企业的内部培训，如果培训成绩合格，就会得到一个由企业出资、免费攻读MBA的难得机会。

可是，由于李佳从参加工作已经一直都很顺利，所以，滋生了一种浮躁、骄傲的心理，想问题比较偏激，做事也没有刚上班时那么认真了。

结果在半年之后，李佳没有通过考核，被降级为服务员，当然就更别提攻读MBA的机会了。李佳感觉到委屈、失望，情绪低落，觉得公司这样对自己很不公平。

这一次考评中，和他一起被降级的还有五个人，这五个人都是公司里很有资历的老员工，他们要李佳跟他们一起集体离职。李佳也心动了，答应了他们，准备集体辞职，其中有两个人当天就离职了。

可是当天晚上，李佳回到宿舍之后怎么也睡不着，他突然觉得自己应该好好想想，走到今天这一步，难道自己就没有应该检讨的地方吗？可是，当他想到公司给的降级处分之后，又觉得没有面子。

就在他左右为难、拿不定主意的时候，他给自己非常信任的一个老师发了一个短信，老师接到短信之后，把电话打过来了，在电话里，老师告诉他，人要经得起失败的考验。再说，当问题出现的时候，首先要在自己身上找缺点，不能光是考虑别人对不起自己的问题。

听了老师的建议，李佳觉得自己以前想事情和做事情的方式的确存在问题。于是，他很快调整了自己的心态，把之前的失望、低落、委屈等情绪统统赶走。

在接下来的时间里，他表现得很努力，并且还积极地学习服务技能。公司再次测评他的表现，并且还要测评他是否具有重新获得 MBA 的资格。于是，故意在没有告诉他原因的情况下，通知他暂时不上岗。

李佳对于这样的安排并没有抱怨，反而主动做事。他暂时没有工作可做，就到培训部帮忙，将培训部所有老师的教案都整改了一遍，还帮助老师编写教材，并且利用假期，为大家组织精彩的篮球赛。因为表现出色，他最终获得了自己最喜欢的职位——企管中心主管，并且重新获得了免费攻读 MBA 的资格。而在这六个被降级的人当中，李佳是唯一一个留下来的人。

我们需要学会做自己的主宰者，能够主宰自己的命运；做生活中的智者，能够看清生活的方向；做人生旅途的设计者，能够在千万条道路中走出属于自己的一条。

当然，如果你只是闷头走自己的路，而对周围的意见一概视而不见的话，就会有脱离群众的危险。一个人生活在纷繁复杂的社会中，能够排除别人的干扰，不瞻前顾后，坚持走自己所选择的道路，确实让人敬佩。从这个角度上讲，“走自己的路，让别人说去吧”，这种勇气的确值得提倡。但是，当自己无法做出正确的判断时，多听听别人的意见，也是非常必要的。

俗话说“三个臭皮匠，顶个诸葛亮”，一个人不管多么聪明，对问题的看法也不可能面面俱到，即使对问题的看法非常正确，在实战的过程中，也未必能做到无懈可击。而其他人的意见，恰好能够弥补这些不足。

古人云：“智者千虑，必有一失；愚者千虑，必有一得。”其实，任何人都有自己思维的独到之处。

因此，在工作中，我们不妨将别人的意见当成一面镜子，不断对照检查自己的言行，有则改之，无则加勉。这样，我们才能走出一条真正成功之路。

第七章　勇于进取，超越自己人生就能更精彩

1

想成为珍珠先视自己为沙子

如果你不知道自己未来的远景，你就永远到不了那里；如果你对自己的未来没有计划，你就容易成为别人计划里的一枚棋子。

当你见到一个年轻人，他用斩钉截铁的态度去实施他的计划，并且丝毫没有“如果”、“或者”、“但是”、“可能”的念头，那么这样的年轻人，将来必定会获得成功。因为善于工作的人没有不能成功的，而善于工作的人便是具有计划和执行习惯的人。

一个目标应当作为一种指南，引导你决定做什么工作以及怎样做好工作，应当把精力用在何处，以及其他枝节问题发生时如何应付。目标是一种进行时的指南，而不是一种最后固定的地点。

有一个自以为是的年轻人毕业后一直找不到理想的工作。他觉得自己怀才不遇，对社会感到非常失望。痛苦绝望之下，他来到大海边，打算就此结束自己的生命。

这时，一个老人从这里走过。老人问他为什么要走绝路，他说自己不能得到别人和社会的承认，没有人欣赏并且重用他。

老人从脚下的沙滩上捡起一粒沙子，让年轻人看了看，然后就随便扔在地上，对年轻人说：“请你把刚才我扔在地上的那粒沙子捡起来。”“这根本不可能！”年轻人说。

老人没有说话，接着又从自己的口袋里掏出一颗晶莹剔透的珍珠，也是随便扔在了地上，然后对年轻人说：“你能不能把这

个珍珠捡起来呢？”“这当然可以！”

这个老人真的很有智慧。有的时候，你必须知道你自己是一颗普通的沙粒，而不是价值连城的珍珠。若要使自己卓然出众，那你就要努力使自己成为一颗珍珠。

聪明的人，最初要画出路线来，照着路线从他现在的地位达到他想得到的地位。他在中途树立许多小目标，对于最近的目标积极付出努力行进，因为这可以在比较短的时间内实现。他达到这个小目标的时候，觉得有了进步，便感到很高兴，然后休息一会，又鼓起劲来，树起第二个目标，向着那里前进。如此坚持不懈，他就可以不断进步，把沙子磨成珍珠。这种设定目标的过程就是计划。

然而，许多时候没有办法百分之百按照计划进行，计划只是提供你做事架构的优先顺序，让你可以在固定的时间内，完成你需要做的事情。

在一生当中，你没有办法做每一件事情，但是你必须去做对你最重要的事情，而计划就是一个排列优先顺序的办法。如果你不知道自己未来的远景，你就永远到不了那里。

每一个努力成功的人，无疑都会有一个选择、确定目标的问题。正如空气、阳光之于生命那样，人生须臾不能离开目标的引导。有了目标，人们才会下定决心攻占事业高地；有了目标，深藏在内心的力量才会找到“用武之地”。若没有目标，你就无法采取真正的实际行动。《营销人的自我营销》一书中说到：“人生最大的浪费是选择的浪费。”

因此，在人生和工作中，每个人都要有自己的目标和计划，并且严格地执行已定的计划。只有这样，才能做好自己的工作，实现自己的人生目标。

著名的探险家南森说：“人生最重要的是找到正确的目标，工作最重重的是找到适合自己的工作方式。”

那么，如何才能找到适合自己的工作模式，让自己感受到工作的乐趣呢？这需要在日常工作中勤奋努力，发挥出自己最大的价值，培养自己专业的职业素养。不然，就会觉得工作总是死气沉沉。不管你处在什么样的环境，做什么样的工作，只要专心、耐心，寻找到最适合自己的工作方式，就会感觉到工作中的乐趣，就会做出工作的成绩。

其实，职场上从来不存在天才！任何一个人，能力都是有限的。即使是公认的最优秀的人才，他们也是通过自己在一点一滴的工作中不断总结、不断进步的结果。因此，所有的珍珠在形成之前都只是沙粒，所谓的“精英”也只是某一方面比别人强一点点而已；所谓“天才”，也只是在不断努力中于某一行业比别人强一点点而已。

想要寻求一个优秀的适合自己的工作模式，需要我们在工作中不断为自己寻求定位。不管有多么困难，都要努力去寻求。不能因为失败而放弃，也不能因为一时成功而得意忘形。坚定信念，不断探索，不断尝试，也只有这样，我们才能在工作中不断成长，不断进步，不断向着更美好的未来前行。

2

及格不是终点，卓越才是目标

在现代职场中，经常有这样的现象发生：5%的人看不出来是在工作，能偷懒就偷懒，闲聊、睡觉、上网，一下班就不见人影；10%的人被动地接受老板的吩咐；20%的人把简单问题复杂化，把工作做成“一锅粥”；10%的人没有对公司作出贡献，虽然在做，却是负效劳动；40%的人正在按照低效的标准或方法工作，缺乏灵动的思维和智慧，永远忙乱，却永远到最后才完成任务；只有15%的人属于正常范围，但绩效仍然不高，并没有踏踏实实、全力以赴。

工作中，有许多员工只是满足于做到“及格”就可以了，他们认为工作只要过得去就行，没有必要做到最好，但是那些在自己的工作中作出了非凡成绩的员工都懂得追求“卓越”的价值。一个仅仅满足于60分的人，是不可能达到100分的，甚至连60分也达不到；而一个以100分为目标的人，往往能够获得最好的成绩。

管理大师易斯·蓝伯格奉行的哲学是：“不要退而求其次，安于平庸是最大的敌人，唯一的办法是追求卓越。”

追求卓越！这个激励了无数人奋斗不息的理念，是很多企业的员工最熟悉的一句话。

追求卓越给众多的企业带来了动力，带来了严格认真地抓规范化管理的动力，还带来了激励员工的精神元素和建设优秀企业文化的素材，对企业的意义十分重大。在现代市场环境里，很难找到与“追求卓越”有同样价值和魅力的语句，这一点已经被大多数企业所认同。那么，对于普通的企业员工来说，追求卓越的意义又何在呢？

和给企业带来的价值一样，追求卓越给企业员工带来了职业发展的目标和动力，带来了认真做好自我管理的理由，更带来了能促使我们激情澎湃，忘我工作、不懈努力的精神。可以这么说，如果你渴望在职业生涯中取得成功，那么，这种追求卓越的精神就是你不可或缺的。

曾任外交学院副院长的任小萍说，在她的职业生涯中，每一步都是组织上安排的，自己并没有什么自主权。但在每一个岗位上，她都有自己的选择，那就是要比别人做得更好。

大学毕业那年，任小萍被分到英国大使馆做接线员。在很多人眼里，接线员是一份很没出息的工作，然而任小萍在这个普通的工作岗位上作出了不平凡的业绩。她把使馆所有人的名字、电话、工作范围，甚至连他们家属的名字都背得滚瓜烂熟。当有些打电话的人不知道该找谁时，她就会多问，尽量帮他（她）准确地找到要找的人。慢慢地、使馆人员有事外出时并不是告诉他们的翻译，而是给她打电话，告诉她谁会来电话、请转告什么，等等。不久，有很多公事、私事也开始委托她通知，她成了全面负责的留言点、大秘书。

有一天，大使竟然跑到电话间，笑眯眯地表扬她，这可是一件破天荒的事。没多久，她就因工作出色被破格调去给美国某大报记者处做翻译。

该报的首席记者是个名气很大的老太太，得过战地勋章，授过勋爵，本事大，脾气也大，甚至把前任翻译给赶跑了。刚开始，她也不接受任小萍，看不上她的资历，后来终于勉强同意一试，并表示如果无法使她满意，就将任小萍辞退。结果一年后，老太太逢人就炫耀："我的翻译比你的好上10倍。"不久，工作出色的任小萍又被破例调到美国驻华联络处，她干得同样出色，不久即获外交部嘉奖。

其实，做到最棒、做到出色、做到卓越，最大的受益者是我们自己。它意味着机会、加薪、提升以及其他更多的报酬，包括金钱、权力，名望、欢乐、人际关系的和谐、信心、宽广的心胸、耐性以及其他任何你认为值得追求的东西。对事业的无限忠诚与执著，全力以赴追求卓越、做到最棒的习惯一旦养成，会让你成为一个值得信赖的人，成为企业不可或缺的人物和可以被委以重任的人。

成功的企业来自于区别对待，即保留最好的，剔除最弱的，而且总是力争提高标准。企业总是奖赏那些最优秀的人才，同时剔除那些效率低下的员工。最高的薪水、最高的奖赏，都为那些卓越的员工而准备。

和给企业带来的价值一样，"追求卓越"给员工带来了职业发展的目标和动力，带来了认真做好自我管理的理由，更带来了那种能促使我们激情澎湃、忘我工作、不懈努力的精神。企业只需要卓越的员工。无论是普通员工，还是各级管理者，只有做到卓越，才能掌握自己的命运。若不想出局，就要全力以赴地投入到工作中去，做到卓越。

3

追求卓越，绝不安于现状

工作中，一些雄心勃勃的年轻人满怀希望地开始他们的职业旅程，却在半路上停了下来，满足于现有的工作状态，然后漫无目的地虚度人生。由于缺乏足够的进取心，他们在工作中没有付出100%的努力，也就很难有更好、更具建设性的想法或行动，最终只能做一个拿着中等薪水的普通职员。他们不懂得在事业发展的道路上没有"饱和"可言，这是一个永无止境的追求过程。而那些时时为自己的梦想拼搏、不断进取、努力奋斗的员工绝不会安于现状，而是不断追求、精益求精，向着更高的目标不停探求，用更高的目标鞭策自己，用更高的标准要求自己，以强烈的进取心和事业心驱使自己不断提高能力，才能取得更大的成功。

当世界球王贝利踢进第1000个球之后，记者围上来问："你现在最大的愿望是什么？"贝利不假思索地脱口而出："踢进第1001个球！"

永不满足现状，努力追求，坚信将来可以取得更大的成绩，这才是奋斗者的精神。惠普公司前董事长兼CEO卢·普拉特说："过去的辉煌只属于过去，而非将来。"未来学家托夫勒也指出："生存的第一定律是：没有什么比昨天的成功更加危险的了。"英特尔总裁安德鲁·葛勒夫也有一句名言，"唯有忧患意识，才能永远长存"，并说英特尔公司一直战战兢兢，不敢有丝毫懈怠，"让对手永远跟着我们"。而比尔·盖茨一直以"微软离破产只有18个月"这样的危机感来警醒微软不断创新，不断进取。张瑞敏的"战战兢兢，如履薄冰"的危机意识，早已深入海尔每一个员工的内心。在成绩面前找差距，永不满足，已经成为现代企业的管理理念。而职场的成功者也总是那些永远进取不断向上的人。

"你以为我做了司机便满足了吗？我的心愿是做铁路公司

的总经理。"说这句话的青年在当时还没有做到司机,他在铁路上工作了两年,还只是一个人在三等火车上填煤的工人,月薪40美元。

铁路上的一个老手对他说:"你现在做了填煤工人,就以为自己发财了吗?我老实告诉你吧,你现在这个位置要再做四五年,然后才会升为大约月薪100美元的司机;如果你幸运到不被开除的话,就可以一生安然地做司机。"

但这个青年并没有因为这样的前景而退缩,而是不断地努力再努力,一步一步,从填煤工到司机,再到乘务长再到铁路公司的秘书,最后终于成了铁路公司的经理。

这个青年便是弗里兰,他所说的心愿后来都成为了现实。他一步一步地努力,最后做到了大都会电车公司的总经理。

美国富兰克林人寿保险公司前总经理贝克曾经这样告诫他的员工:"我劝你们要永不满足。这个'不满足'的含义是指上进心的不满足。这个'不满足'在世界的历史中已经致使了很多真正的进步和改革。我希望你们绝不要满足。我希望你们永远迫切地感到不仅需要改进和提高你们自己,而且需要改进和提高你们周围的世界。"

这样的告诫对于每一个职场人士来说都是必要的。不思进取的员工不但不能够发展,甚至会在日益激烈的工作竞争中被淘汰。只有那些能够不断学习,适应企业需要的员工才能够在企业里长久地生存。不断地挑战自己才会拥有不懈的动力,凭借这样的动力不断提升自己,全力以赴将工作做到最好,为改变自己的命运提供更多的机会。

4

永不服输，跌倒了爬起来再走

努力奋斗、勇于进取的人是不会服输的，也不会轻易向命运屈服。人生的路上，有灿烂阳光，也有暴雨狂风。只有那些勇敢面对的人，才能像暴风雨中的海燕一样，自信地掠过海面，无论遭遇任何失败，都能很快将其抛在脑后，继续前进。

每个人的一生都经受过失败。对有的人而言，失败是一种考验，是到达成功之峰的必经之路；对有的人而言，失败是一片巨大的乌云，遮住了太阳，从此再无光明。

失败就如同走在路上摔了一跤。有不少人在面对失败时，摔倒了，就不愿意再爬起来，自怨自艾，认为自己被失败压住了翻不了身，更别谈爬起来继续前进了。南非前总统曼德拉说："生命最伟大的不是永不坠落，而是坠落后总能再度升起。"所以，优秀的人不是不失败，而是失败后立即就爬起来，继续前行。

朱文曾经是一名程序员，在一家软件公司干了八年。正当工作得心应手时，公司却倒闭了，他不得不为了生计重新找工作。时逢微软公司招聘程序员，待遇相当不错，朱文信心十足地去应聘。

凭着过硬的专业知识，他轻松过了笔试关，对两天后的面试，他也充满了信心。不料，面试时考官的问题却是关于软件未来发展方向的，这一点他从来没有考虑过，于是惨遭淘汰。

朱文觉得微软公司对软件产业的理解令他耳目一新，深受启发，于是他给公司写了一封感谢信："贵公司花费人力、物力，为我提供笔试、面试的机会，虽然落聘，但通过应聘使我大长见识，获益匪浅。感谢你们为之付出的劳动，谢谢！”这封信后来被送到总裁比尔·盖茨手中。三个月后，微软公司出现职位空缺，朱文收到了录用通知书。

失败没有什么可怕的，人生哪能没有挫折，关键是不能被挫折打倒。

有位美国女子在旧金山开了一家餐馆，生意相当不错。后来她发现自己的视力减退，不久竟然完全看不到东西了，从此生活在一片黑暗中。有一天，这位盲人女子又被告知了一个惊人的噩耗，她的丈夫刚刚遭遇车祸，不幸丧生。

眼睛瞎了，丈夫又突然去世。遭连重大打击的她，好几个星期，沉溺在悲痛沮丧的深渊里，穷愁无助。在极端黑暗、生理与心理都非常困顿的时候，她的坚强信心，使得她得以渡过难关。

当她与震惊和忧伤做伴时，忽然感觉到“好像有一只大而有力的手将她牢牢抓住，高高举起”，让她能够屹立不屈。

她下定决心，一定要勇敢克服忧伤、孤独以及身体上的残疾，她绝不能够被多舛的命运击倒。

在这种思想的支持下，她从悲惨的处境中挣扎自立，成为一位卓越的职业妇女。

虽然双眼失明。但她的足迹却遍及美国西海岸各城镇，向妇士们演讲烹饪术。另外，她写了三本内容极佳的食谱，同时和两个儿子经营一家冷冻食品公司，而且她每天都要到办公室去上班。

“永远不要被挫折打倒，就好像你不可能会失败一样。你如果能这样做，上帝会默默地呵护你，看着你成功。”她说。

奋斗的过程，从某种意义上说，就是不断战胜失败的过程。世界上任何工作，若不愿平平庸庸，而力求取得创造性的成果，就都会遇到困难，因而也就难免遭受挫折和失败，学习想要有创见，越深入越见疑难；技术想有提高，越革新越有矛盾；科学想有突破，登攀越高险阻越多。因为失败，有人就唉声叹气，激流而退；有人就动摇不前，半途而废；有人就悲观失望，丧失信心。然而，失败的境遇却并不因为人们的退让而有丝毫改观。

只有那些永不服输，永远不惧怕失败，跌倒了爬起来继续奋力向前的人，才能越战越勇，越失败越努力，最终抵达成功的彼岸。

欧立希发明治疗昏睡病和梅毒病的606(砷凡纳明)，前后碰壁了605次。几百次的失败，使他痛苦万分，但他并未怯步不前，而是继续试验，终于在第606次时取得成功。

爱迪生试制电灯也是这样。那时候，他和工人们经常连续工作24小时、36小时，破碎的灯泡扔得满地都是。为了找到理想的灯丝，爱迪生先后试验过六千余种不同的物质，但大多失败。第一盏电灯的灯丝是用缝纫线做的。仅仅为了把那么短的一小截线放进玻璃泡内，爱迪生和他的合作者就失败了无数次，最后整整干了两夜一天，用光了一轴线，才取得成功。但这盏灯的寿命是短暂的，只亮了45个小时就灭了。爱迪生并不就此退却，在失败面前，他继续试验用哪种合理的纤维有机物来做灯丝。事后，爱迪生在总结这段经历时说："对电灯问题，我钻研最久，试验最苦，但是从未灰心，更不信它会试验不成！"确实，在失败面前是不能灰心丧气的。一种新药要试验606次，一根灯丝要试验6000种物质，这是何等的艰难！然而，最后的成功不正孕育在那几百次、几千次的失败之中吗？

松下电器的总经理山下俊彦在谈到失败时，曾这样说："要使每个人在松下工作感到有意义，就必须让每个人都有艰难感。如果仅仅工作不出错，平平安安、无所事事，那就毫无意义了。艰难的工作容易失败，但让人感到充实。我认为即使工作失败了，也不算白交学费。因为失败可以激发人们再去奋斗。"

如果终日沉浸在挫折中，不敢面对现实，整天忧心忡忡，碌碌无为，就不会再有自己的生活，当然也不再有自己的人生价值。那我们的梦想就会落空，我们的成功就永不会来。

5

全力以赴，做最优秀的自己

优秀的员工不会因为平庸的表现自满，他们不管做什么事情，必然会全力以赴。“不管做什么事情，都要全力以赴。”罗素·H.康威尔说，“成功的秘诀无他，不过是凡事都自我要求达到极致的表现而已。”

全力以赴可以让你爆发出最大的潜能，可以让你创造出奇迹。

有一个猎人带着猎狗去打猎，这时从草丛里跑出一只兔子，猎人举枪射击，兔子被打伤后仓皇逃窜。猎人对猎狗说：“快去把那个兔子捉回来。”猎狗去追那只兔子，猎人在树下等待他成功的果实。

过了一会，猎狗回来了，却没有把兔子抓回来。猎人非常生气对猎狗说：“你怎么连一直受伤的兔子都抓不到？”

猎狗哀求道：“主人，我已经尽力了。”

猎人看到猎狗疲惫的样子，也就原谅了他。

那只受伤的兔子逃回去后，其他的兔子非常不理解，问道：“那只猎狗追你，你受伤怎么会逃命呢？”

那只受伤的兔子说：“很简单！那只猎狗为了完成主人的命令，他是在尽力而为，而我为了逃命是在全力以赴啊！”

只有全力以赴，才能发挥全部的能力，才能展现最优秀的自己，才能把工作做得超过自己和老板的期望。所有的成功者的成功都是他们全力以赴努力奋斗的结果。要成功，就必须要全力以赴，要做最好的自己，才能让自己真正走向成功。

上个世纪50年代初，美国海军开始研制第一批核动力潜艇，当时正在海军服役的卡特想参加这方面的工作。一位令人

生畏的海军指挥官，也是和平使用核能之父的海军上将海曼·里科弗对他进行了面试。里科弗在接见卡特时问他在海军学院的成绩，卡特自以为成绩不错，就自豪地说："在全年级820名学员中，名列第59。"里科弗又严肃地问他："你当时全力以赴了吗？"卡特顿时涨红了脸，不好意思地承认自己有偷懒的时候。里科弗又问他："为什么不全力以赴呢？"

后来，卡特得到了那份工作，但里科弗的问题他却一直没有忘记。里科弗的这种严格精神对卡特影响很大，使他重新确立了他幼年时期的座右铭，即"勤奋工作的人就是能够出人头地的人"。而正是这种全力以赴、竭尽所能的精神，帮助卡特最终成为了美国总统，并一直活跃在国际舞台上，成为和平使者、穷人之友。

不管做什么工作，在什么时候，都全力以赴，上天一定会给你想要的回报。

多年以前，在美国西雅图的一座著名教堂里，有一位德高望重的牧师——泰勒。向全校师生郑重其事地承诺：谁要是能背出《圣经·马太福音》中第五章到第七章的全部内容，他就邀请谁去西雅图的塔上餐厅参加免费的聚餐会。

《圣经·马太福音》中第五章到第七章的全部内容有几万字，要背诵全文无疑有相当大的难度。尽管参加免费聚餐会是许多学生梦寐以求的事情，但几乎所有的人都望而却步了。

几天后，一个11岁的小男孩自信地站在泰勒牧师的面前，从头到尾按要求背了下来，竟然一字不漏，丝毫没有差错。

泰勒牧师不禁好奇地问："你为什么能背下这么长的文章呢？"

男孩不假思索地答道："我竭尽全力。"

28年后，那个男孩攀上了全球首富的宝座，他就是世界著名的微软公司老板——比尔·盖茨。

后来，比尔·盖茨在对年轻人演讲时说过同样一句名言："当你抱怨不公平时，是否反省过：我竭尽全力了吗？”

的确，我们常常只注意到别人的“幸运”，比如成功的事业、优厚的收入、健康的身体、美满的家庭……但我们很少注意到，他们为了得到这一切而付出的努力。

德国有机化学家齐格勒昔说：“成功是能力极致的发挥。”美国威望极高的篮球教练员约翰·伍登也有类似的名言：“成功，就是知道自己已经倾注全力，达到自己能够达到的最极致的境界。”

优秀的职业人，总是会竭尽全力、全力以赴地去做，把工作做到尽量完美，从而可以使自己脱颖而出。每个人在职业生涯中，都要尽己所能，全力以赴、尽职尽责，把事情做到完美，把工作做到极致，使自己的价值渐渐地提升，最终一定可以走向成功。

我们都知道《把信送给加西亚》这本书，书中的罗文之所以成为企业需要的榜样，就在于他送信给加西亚的时候，为自己设定了一个比他人更高的标准：不推脱、不敷衍、尽全力。这样的人是一种异常优秀的人，他们不仅仅会做别人要求他们做的，而且会出人意料地做得非常完美。

李华，是某个小城非常有名的理发师，他长得毫不起眼，他的理发店也在街角最不起眼的地方。但他的店却是顾客盈门，在那个小城可以说是远近闻名。

因为他总能把顾客的头发剪出最好的效果。李华总是喜欢说这样一句话：每一剪剪下去都要负责任。因为这句话，李华对工作的态度近乎偏执。

有一次，一个企业老总来店里理发。李华告诉他，剪发大概要用40分钟的时间。对方没有异议。可是，剪到30分钟的时候，这位老总突然接到一个电话，得马上走。李华坚持说：必须把头发剪完才能走，不然的话，会影响到整体的效果。他很生气，但是李华仍然不肯放他走，并且再三强调要对自己的工作负责。顾客没有办法，只能留在店里把头发剪完。

过了一段时间，那位顾客又来了，他对李华说：“上次因为在你这里剪头发而耽误了生意，我曾发誓再也不来这里剪发了。

但后来发现其他理发店剪出来的效果都没有这里好。现在，我和我的朋友们只认你这一家理发店。”

口碑效应真的很大。李华的工作责任心获得了一致好评，他已经成为那座小城理发行业的一个榜样。如果仅从感觉上判断，你一定很难想到这样一个老实内向、性格纯朴的小人物居然是理发界的名师。不错，他身材偏小，长相平凡，没有良好的口才，也没有超凡的智能，曾经被很多人认为“不可能有大的出息”。但是，他却取得了令人自豪的成就。

或许正是这种竭尽全力、追求完美的工作态度，才创造出了最大的价值。全心全意、追求完美，正是敬业精神的基础。一个人无论从事何种职业，都应该全心全意、尽职尽责，这不仅是工作的原则，也是生活的原则。

所以，不论你的工资是高还是低，你都应该保持这种良好的工作作风。能让工作变得完美的人，需要极高的品质。高品质不是从天上掉下来的，而是人们保持高昂的信心，诚心诚意的努力，投入心血智慧以及技能后所得到的结果。它代表的是众多选择当中的明智抉择，因此，你做出抉择之后，就会倾注全力达到这样的标准。

世界上没有做不成的事，只有做不成事的人。作为一个优秀员工，凡是别人已经做到的事，我们即使面临的困难再大，也一定要做得更好；凡是别人认为做不到的事，我们即使遇到挫折，也要继续拼搏直至取得成功；凡是别人还没有想到的事，我们不仅应该想到，而且一定要敢为人先，迅速行动。

总之，每一位员工在制订工作计划的时候，要敢于去追求似乎不可能做到的业绩目标。唯有如此才可能拒绝平庸、追求完美。

中　篇　责任心，家庭幸福的基础

家庭是为我们遮风避雨的温馨港湾，是荡涤心灵尘埃的清澈山泉，更是幸福者愿意倾其所有用心去维护的美好。对家庭要有责任感，责任感是你失意彷徨时的一剂安抚药剂，是你走投无路时的一个温暖拥抱，是你生活质量的保证，是家庭幸福的基础。勇敢地担负起家庭的责任吧，有了家你才有了拥抱世界的勇气。

第八章　担负起家庭的责任，才会成就你的幸福

1

家是我们永恒的温馨港湾

每当听到《家是温柔港湾》这首歌时，许多人总是会有一种莫名的感动，随着舒缓的旋律，眼睛就如同被烈酒浸泡过一样，热泪盈眶——“家是温柔港湾，你我停泊这港湾。风雨再大都不怕，只要有个温暖的家”。

家是我们永恒的温暖的避风港！家给我们的不仅是生活上的满足，物质上的需求，更给了我们精神的慰藉。无论我们走到那里，回首遥望的是家，期待回归的也是家。也许当我们为实现自己的梦想而在外面打拼的时候，会暂时没有家这一概念，可我们内心深处，总会有一根线牵扯着。

家是唯一不需要戴面具可以随心所欲的地方；家是唯一真正尽义务不需要回报的地方。家人是相互平等的，只有老幼之分，没有领导和被领导，没有上下级。家有你的爱、家有你的牵挂；家有你的义务、家有你的责任；家有你的幸福、家有你的快乐……

台湾作家林清玄在散文《幸福》中这样写道：

小时候，我们住在南部乡下，由于兄弟姊妹很多，妈妈非常忙碌，我们只要一靠近妈妈，她最自然的反应是一掌把我们打开：“闪啦！大人在无闲，不要在这里绊手绊脚！”因此，我非常渴望有一天能牵她的手。有一天，妈妈要到田里摘野菜，我跟着去，她突然牵起我的手，走在田间的小路上。那时是黄昏，夕阳一片金黄，拉长了她的身影，几乎覆盖了整条小路。那时候我感觉到从来没有过的幸福，生命原是如此美好！过去 30 多年了，

每次想到那一幕，幸福的感觉仍在汹涌……

有了一个家，生活才会更有意义；有了一个家，就会明白幸福的含义；当你开心的时候，烦恼的时候，不如意的时侯，只有家才是最温馨的港湾！有了家的呵护，才能感受到爱的力量，情感的重要！

也许友情难免会有遗憾，爱情也可能遭受背叛，可无论我们的人生经历怎样的变故和磨难，家总会以最宽容的姿态接纳我们，在我们把一肚子的苦水倾吐完之后，重新给我们上路的勇气。

有一个白手起家的企业老总，在创业中克服形形色色困难的原因就是为了走出那个祖祖辈辈居住的小山村，他带着出人头地的梦想，义无反顾地踏上了征程。然而外面的世界并非如他想象的那样，他总是要受别人的气，看人家的脸色。从一个身无分文的打工仔到一个腰缠万贯的企业老总，他经历过太多的磨难和挫折。这么多年以来，他养成了一个习惯，就是每当心情烦躁或焦头烂额时，总会给父母打一个电话。

父母只是老实巴交的农民，也许分析不清这些让他为难的事情，也不能给出解答方案，其实他并不会告诉父母自己具体遇到了哪些困难，只想和他们随意地聊聊天。每当话筒里传出父母朴实关切的话语时，总能让他找到一种安慰和幸福，也得到一种鼓舞和力量。

在刚开始运作公司时，资金、技术、市场、人员等一系列的问题都需要他独自解决，那时，孤独和无助经常会阵阵侵袭而来。创业的艰辛没有让他掉下一滴眼泪，父母关切的叮咛却让他泪流不止。

一次，他给父亲打电话，随口说出了自己所在的城市刮了一周的六级大风的恶劣天气。老父亲说："要是太辛苦，就回来吧。"这时，他的眼泪再也忍不住了，决了堤似的不可收束，压抑了许久的情绪随着眼泪汩汩而下。他明白父亲的心，父亲是怕自己在外面受太多委屈，苦了自己。但也是这句话更加坚定了他的理想，他想：热血男儿总是应该有自己的事业，父母正在一天天老去，他们吃了一辈子的苦，艰辛了一辈子，我应该闯出属于自己的一片天空，待父母年迈时，可以来此避雨取暖。

创业的艰辛总在父母的温情中淡化，感觉到累的时候只要想起父母苍老的容颜，他就能重新找到前进的动力。家一次又一次帮助他坚定了信念，走向了成功。

失意的时候，我们第一个想到的就是家，就是那个永远也不会把我们拒之门外的家。在那里，我们可以洗去尘世的铅华，脱掉身上的伪装，安闲自在地品一杯清茶，或者跟兄弟姐妹、亲戚朋友悠闲地谈天说地，还可以坐在母亲跟前梳理她那干枯的白发。

家是所有人最牵挂的地方，哪怕只是三尺陋巷，一间茅房，甚至家徒四壁。只要有爱，只要有亲人，家就永远是我们心中最美好的地方，最温馨的停泊港湾。

2

亲情是世间最深沉最动人的情感

亲情是人世间最深沉动人的情感，最恒久不变的深情。爱情会变色，友情会变淡，只有亲情，永远为你守侯，永远不会改变。

亲人的爱是人世间最无私的一种。不管经历什么样的苦难，不管遭遇什么样的变故，它都可以穿越一切，到达你的心头。

有一位父亲带着六岁的女儿坐三天的船去大海的另一边与她的母亲会合，这位父亲一路上极力照顾着女儿。但是不幸还是在瞬间降临，他正在为女儿削水果时船遭遇风浪剧烈颠簸，他倒在地上，刀插进了胸口，他那六岁的女儿尖叫着扑过来喊爸

爸,他搂着女儿,努力地坐起来,笑着对女儿说,没事,只是摔了一下,然后自己偷偷拔下了刀。

以后的三天一切继续,他照样为女儿唱歌,照顾女儿吃饭睡觉,只是他的脸越来越苍白。船要到达的头天晚上,他搂着女儿,对她说:女儿,爸爸爱你。明天见到妈妈,你也告诉她,爸爸也爱她,好吗?

第二天早晨,船终于到了,当女儿欢叫着扑向妈妈时,他终于倒了下去,胸口血流如注。医生检查后发现,那把刀其实在三天前就刺穿了他的心脏,大概是刀太快拔出时让伤口暂时闭合而使他为了女儿多活了三天,但这三天里血一直在流,他却没有让女儿知道,因为怕女儿害怕。

这就是父爱的深沉创造的奇迹!而母爱又何尝不是人世间最无私最感动人心、最震憾人心的深情?

汶川地震后,救援人员从废墟中救出了无数人,但一位母亲临死前,仍为心爱的孩子喂奶,拼死保护自己的女儿,婴儿被救出后,无人不为之动容。

2008年5月13日下午,都江堰河边一处坍塌的民宅,数十名救援人员在奋力挖掘,寻找存活的伤者。救援人员突然发现,一名年轻的妈妈双手怀抱着一个三四个月大的婴儿蜷缩在废墟中,她低着头,上衣向上掀起,已经没有了呼吸,怀里的女婴依然惬意地含着母亲的乳头,吮吸着,红润的小脸与母亲粘满灰尘的双乳形成了鲜明的对比。

"我们小心地将女婴抱起,离开母亲的乳头时,她立刻哭闹起来。"救援者说,看到女婴的反应,在场者无不掩面。

"我无法想象,一个死去的妈妈还在为自己的孩子喂奶,从母亲抱孩子的姿势可以看出,她是很刻意地在保护自己的孩子,或许就是在临死前,她把乳头放进了女儿的嘴里。"

当然还有孩子对父母的爱,一样感动人心,让人动容。且不说千古流传的二十四孝感天动地,现代人又何尝没有让人动容的孝心?

2004年3月，田世国68岁的母亲突然被查出患了晚期尿毒症，病情已到了相当危重的地步。弟弟打来电话时，这个39岁的男人感觉天塌了下来，他无法想象母亲会得这个病。家中父亲已年近七旬，弟弟有心脏病，妹妹当时还在临产期，作为长子，这种时候他得顶住，便匆匆赶回山东枣庄老家。

医生说，尿毒症患者的治疗方法主要靠血液透析或换肾。经过一段时间的透析，母亲尝尽了痛苦，并以为自己成了儿女的负担曾动过自杀的念头。母亲操劳了大半辈子，还没好好地享福就得了病、忍受那么大的痛苦，田世国不愿放弃，哪怕有万分之一的希望也要去试试，他决定给母亲换肾。

从老家回到广州，田世国奔走于各大医院联系肾源，还把配型资料在各大医学网站上发布。两个多月过去了却一无所获，母亲一天一天地憔悴下去。这时，他决定用自己的肾试一试，妻子支持他，弟弟妹妹也都等着要和母亲配型。最终，他和母亲配型成功。手术前，医生反复告诫：捐一个肾脏后的生活将比正常人多一些风险，要慎重。而田世国非常坚定："我一定要救母亲！"

2004年9月23日，病床边的手机突然响了，母亲躺在床上听儿子时着电话激动地说："找到了？太好了！"然后，田世国激动地告诉母亲，上海那边已经找到了相配的肾源，很快就可以做手术了。母亲终于重拾了一丝生的希望。原来，这是田世国和弟弟合演的一出双簧，不然倔强的母亲怎能让自己的儿子去承担那样的风险？在上海复旦大学附属中山医院手术室里，儿子的肾放入母亲体内，让她的身体恢复了生命力。

2005年1月，田世国入选中央电视台"感动中国·2004年度人物"。虽然他不是明星，所做的事情也局限在家庭范围内，但人们为他的孝心和真情打动，许多人泣不成声。后来，他的故事被拍成了电视剧。

亲情是什么？亲情就是爱，父母之爱儿女之爱兄弟姐妹之爱。人有了亲情之爱,才能感受到血浓于水的真情。

亲情对于我们而言,是一个很温暖的概念,亲情一直在我们的身边,伴随我们成长和成熟。

所以一个懂得热爱事业、为自己的人生幸福不停奔忙的人,更要懂得呵护亲情,享受亲情之乐,关爱自己的父母,珍爱自己的妻子,疼爱自己的孩子;有了这份爱,人们才知道生命的美丽。有了这份爱,才懂得幸福的含义。父母、爱人、儿女、兄弟姐妹,有了他们,我们就有了幸福。

3

家庭的幸福,源自于你我的责任心

拥有一个幸福美满的家庭,是每个人的愿望。美国一家调查中心,在全国 25 个州的 48 家杂志上刊登了这样一条消息:“如果你生活在一个幸福的家庭里,请与我们联系。我们知道许多家庭不幸的原因,但我们更想了解到家庭幸福的表现。”很快,他们收到了 3000 多封回信。并按这些回信的答案,总结出幸福家庭的 6 条标准。

而这些幸福家庭的首要标准之一就是对家庭承担责任。家庭成功的关键是时间、精力、精神和感情的投入,这种投入也叫责任心。家庭高于一切。各家庭成员都致力于增进彼此的幸福和快乐,他们都希望家庭能够长久。对幸福的家庭来说,责任和忠诚是紧密相连的,婚外恋被看作是对婚姻的最大的威胁。

当被问到“你认为什么能使家庭幸福”时,有 1500 个孩子写信回答:“一起活动。”社会学家分析说,其实我们和家人一起做了些什么并不重要,重要的是,我们一起度过的是一段美好、快乐、放松的时间。这样的时间越多，我们的家庭就会越幸福。

心理学家们都知道，有效的交流可以使人产生一种归属感，减轻人的失落感，减缓人的高度危机感。幸福的家庭都指出，有效地交流意味着消除误解。

此外，幸福的家庭在日常生活中表达他们的精神准则，实际上就是身体力行他们所信仰和宣扬的东西。有个参与者写道：

> "我们家信守一些价值观，比如诚实、责任心和宽容。但我们在日常生活中去实现它们。我不能一边谈着诚实，一边却在所得税报账上作弊。我不能一边嚷着责任心，一边却拒绝帮助困境中的邻居。否则的话，不仅我自己有愧，我的孩子们和所有的人也都会知道我是个伪君子。"

家庭的最大作用，是让人可以得到归属感、支持感、信任感和舒畅感。在这里，快乐有人与你共享，痛苦有人与你分担，郁闷有人听你抒发，身心有人给你温暖。家庭幸福的秘诀，就是"和睦、信心、希望和对未来的乐观"。

> 两只乌鸦在树上对骂，而且越骂越凶。最后，一只乌鸦随手捡起一样东西，向另一只乌鸦丢来。这时，丢东西的乌鸦发现，自己打出去的，原来是一只尚未孵好的蛋……

在家里遇到问题和矛盾时，一定要保持理智，不可冲动。冲动不仅不能解决问题，反而会使问题变得更糟。

家庭是社会的细胞，家庭的好坏小则影响到每个家庭成员的身心状态，大则关系到社会的安定和维系。

有一篇报道：台湾每天离婚夫妻高达 80 多对。假如这些离异家庭都有孩子，那么一天内就有那么多家庭的孩子因父母感情不和、家庭破裂，心理而造成巨大伤害。仔细考量就会发现，当今社会为什么有这么多乱象、有这么多青少年流落街头、有这么多人茫然无所适从了。

我们知道目前在社会上工作很不容易，几乎每一个人都感到工作压力的沉重。可是再想想，我们付出很多心血，把自己的聪明才智贡献给国家、社会，固然是一件好事、美事，可是家庭是社会的基本组成单位，保持

家庭的幸福也是在为社会做贡献，我们是不是没有尽到应尽的责任和道义呢？

幸福的家庭不是凭空而来的，这需要家庭中所有成员的共同努力，需要所有家庭成员的共同呵护。没有细心呵护的幸福会如昙花，来得快，去得也快。

居委会要在所辖的街道内评出一对最恩爱的夫妻。几经筛选后，有三对夫妻入围。于是，居委会通知这三对夫妻，叫他们周六上午去居委会，参加最后的评比。

三对夫妻如约而至，他们一对对相拥着在居委会办公室外的条椅上坐着，等待评委的召见。评委把第一对夫妻请进了办公室，叫他们说说他俩是如何恩爱的。妻子说，前几年她瘫痪了，卧病在床，医生说她能站立起来的可能性很小，她绝望得几乎要自杀。但她的丈夫鼓励她活下去，多方为她求医，对她不离不弃，而且几年如一日地照顾她，任劳任怨。在丈夫的关爱下，她终于又站了起来。他们的故事十分感人，评委们听了，都为之动容。

随后进来的是第二对夫妻，他俩说，结婚10年，他俩之间还从来没红过脸更不用说吵架了，一直相亲相爱，相敬如宾。评委们听了，暗暗点头。

轮到第三对夫妻了，却很长时间不见第三对夫妻进来。评委们等得有些不耐烦了，就走出办公室看个究竟。只见第三对夫妻仍然坐在门口的条椅上，男人的头靠在女人的右肩上，已经睡着了。有一个评委当时就要上前喊醒那个男的，女的却用手指放在唇边做了个嘘声的动作，然后小心地从包里抽出一张纸、一支笔，写下一行字递给评委。做这些的时候，她都是用左手做，而且动作轻柔，生怕惊醒了自己的丈夫，她的右肩一直纹丝不动，稳稳地托着丈夫的脑袋。

评委们看那纸条，因为字是女人用左手写的，所以字迹歪歪扭扭，但是大家还是看清了，上面是这么一行字：别出声，我丈夫昨晚没有睡好。一个评委提起笔在后面续了一句话：但，我们要听你夫妻俩的讲述，不叫醒你丈夫会影响我们的工作。女人接过纸笔，又用左手歪歪扭扭地写下：那我们就不参加评比了，没有什么能比让我丈夫美美地睡上一觉更重要的了。评委们都惊呆了，这个女人为了不影响丈夫睡觉，居然放弃评比，真是有点本末倒置。但他们还是决定等待一段时间。

一个小时后，那个男人醒了，女人的右手终于能够活动了，她从包里掏出一块纸巾，想将男人嘴角流出的口水擦净，但手才举到半空，纸巾就掉了，男人惊问她怎么了，她温柔一笑，说："没事。"这时，有个评委早就等不及了，拉上男人就往办公室走，女人这才伸出左手悄悄地按摩右肩，她见有几个评委在关切地看着她，便歉意地一笑，说："真的没事，是肩膀被他的头压得太久，麻了。"

男人被请进办公室后，评委们便问他怎么睡得这么沉。男人不好意思地笑笑，说："我家住一楼，蚊子多。昨晚半夜的时候我被蚊子叮醒了，这才发现家里的蚊香用完了，半夜里也没地方买，我怕妻子再被叮醒，所以我就为她赶蚊子了，后半宿就没顾得上睡。"评委们听了，一时间，都没有作声。

最恩爱夫妻评比的结果，居委会增加了两个奖项，将第一对夫妻评为"患难与共夫妻"，将第二对夫妻评为"相敬如宾夫妻"，而真正的"最恩爱夫妻"奖，却给了第三对夫妻。

在家庭中，有不少关系类别，如夫妻关系、父子关系、婆媳关系等。每一种关系都很重要，都是构成家庭幸福的成因。而且这些幸福都不是演绎出来的，而是流露自心间的感觉，来自于家人之间彼此的真诚关爱。

幸福的家庭最需要的是用心呵护。家庭中的每一个人都要站好自己的位置，扮好自己的角色，做妻子的要爱自己的丈夫，做丈夫的也要爱妻子，做儿女的要孝敬父母，做父母的也要爱护儿女。这些话看似老生常谈，却都是维系家庭关系的重要原则。上慈下孝，尊老爱幼，是幸福的又一个关键。家庭的幸福需要家里每一个人的共同呵护。父母慈爱，儿孙

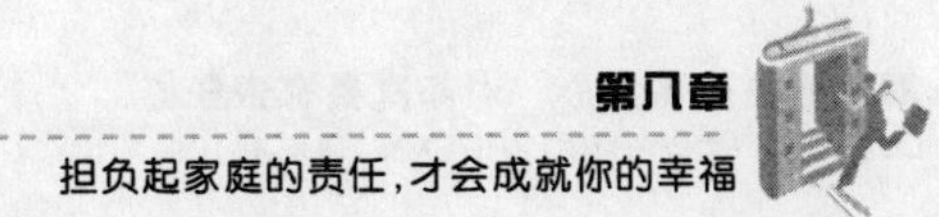

贤孝，是人生的最高追求，也是最珍贵、最美满的福分。天下父母有儿孙是福，孙贤子孝则更幸福。

4 家庭快乐，我们才能幸福

一个人生活快乐与否与家庭幸福息息相关，而家庭幸福之道则在于重视你的配偶、子女，他们才是快乐之源。

古人云：家和万事兴，家齐国安宁。足以见得，家庭对于社会的意义是举足轻重的，对于个人而言又是不可或缺的。

有人把家庭比作社会的细胞，这是最恰当不过的。家是社会稳定的基石，是人生旅途中温馨的驿站，是人生事业的“助推器”。有成功事业没有幸福家庭的人不能称为幸福，有成功事业没有幸福家庭的人也无法活得无怨无悔。

很多事业有成的人之所以生活一团糟，就是因为角色混乱，没有意识到家庭的重要性。其实做老总时你可以指点江山，但做家人时你必须心态平和，在两个角色的互换时要尽量做到游刃有余。每个员工都希望做个好家人，但不是每个人都懂得怎样去做。就像女人喜欢当总经理的丈夫，但不喜欢天生就是总经理的丈夫。

家庭是一本大书，是要我们用一生的时光来解读的。对于一个家庭成员来说，你用心灵去探察、去理解、去解决，就必定能抓住这本书的精髓。

家住成都市的陈琳女士有着标准的鹅蛋脸，大大的眼睛，长得颇有港台歌星的气质。当初，在父母的主张下，陈琳嫁给了邻厂的一个部队转业干部郑某。婚后第三年，他们有了一个女儿。女儿的出生给家庭带来了不少的欢乐。

郑某是北方人，是典型的大男子性格，婆婆妈妈的事很少过问。后来，在丈夫的一再要求下，陈琳辞去了工作，成为了一名“全职太太”。

真正的“全职太太”是一种既有钱又有闲的轻松生活，而陈琳辞职后承包了全部家务，当年的风韵与活力在她身上也很难找到了。加上丈夫的不体贴，当年漂亮的她比同年人早添了皱纹。于是，老公郑某逐渐对这个“家庭保姆”式的老婆也开始淡漠了，渐渐把家当成了“旅馆”，对陈琳也是多加指责。

不幸的是，几年后企业改革的浪潮把丈夫卷下了岗，下岗后，郑某就找不着“北”了，高不成，低不就，成天窝在家中长吁短叹，怨天尤人，实在穷慌了便向父母讨些救济。

渐渐地，郑某每月 300 元的生活费已不够家庭开支了，他也越来越自暴自弃。

这以后，郑某染上了赌博的恶习，并开始用自己的“拳威”来统治这个贫困的家庭，而家中的几件稍值钱的东西，也被债主拉走，日子再也没法维持……

家庭的温馨和睦，除了要有亲情基础外，更需要各家庭成员自觉担负家庭的一分责任，彼此尊重，彼此理解，彼此宽容。如果一个人连对自己的家庭都充满怨气，那么他在这个社会上，恐怕也很难拥有理想的事业和真诚的友谊。

歌德曾说：“不论是国王还是农夫，谁在寒窝里找到了安乐，谁就是最幸福的。”生命是短暂的，而只有家才是我们永恒的心灵避难所。家庭幸福，我们就会幸福，即便碌碌无为，也不枉过一生。家庭幸福，生活才幸福。就算事业再成功，没有幸福的家庭我们也不能感受到成功的荣耀和幸福。

第九章　对父母负责，享受亲情的温暖与包容

1

赡养父母是我们应尽的义务

中国有句古语:“百善孝为先。”意思是说,孝敬父母是各种美德中占第一位的。一个人如果连孝敬父母都做不到,就很难想象他会热爱集体、热爱他人。

父母是我们永远也难以将其恩情还尽的人,也是这个世上我们欠账最多、最不求我们回报的人。然而,不管你的父母是否已经年老,尽自己的最大能力来赡养父母却是我们不能逃避的使命和义务。

我国实行计划生育政策至今已 30 多年,第一代独生子女的父母已逐渐迈入老年人行列,4 位老人、一对夫妻加一个小孩的“421”家庭越来越多。然而,不管你我的处境怎样,赡养父母却是我们应尽的义务。

在北京一家报社工作的马佳生于 1982 年,是家里的独生女。4 年前结了婚,丈夫陈燃大她 2 岁,供职于一家外企,也是家里的独子。由于有着相似的成长经历,相似的兴趣爱好,这两个“独苗苗”组成的家庭开始了甜蜜滋润的生活。直到两年前他们的女儿降生,双方父母开始轮班来北京帮忙带孩子,看着原本不大的家被三代人的物品挤得满满当当,马佳觉得原本美好的生活憧憬,一下子变成了现实的生活压力。

马佳的父母一位是退休教师,一位从企业里退休,老两口每月的退休金不到 3000 元。公公婆婆的条件要好一点,老两口每月的退休金有 5000 元左右。马佳生孩子前后双方老人轮流来

北京照顾她，妈妈和婆婆的身体都不太好，觉得不舒服了就简单吃点药忍一忍。老人一方面不想增加孩子们的负担，另一方面由于在北京看病回到老家不能报销，所以每次都等到从北京“下班”回老家才看病。

马佳现在最担心的就是4位老人的健康，一旦父母生病，对她和丈夫而言，那将是精神、身体、经济的三重考验。2个人为4个人养老，没那么容易。

马佳说：“以前别人问我是不是独生女，我都有点小小的骄傲，因为独生女就是家里的宝贝啊。但随着年龄的增长，我才明白，小时候独享了父母的爱，长大了也就只有独立承担起赡养父母的责任，没有人能为我分担。”

小时候独享父母的爱，长大了也要独自承担赡养父母的责任。“养老的重负，就如同一座大山重重地压在每个独生子女的身上。我们曾是最享福的孩子，但也将是最受苦的大人。等我们人到中年，父母渐老，我们将成为世界上活得最累的人。”网上一篇题为《独生子女的沉重未来》的帖子被广泛转载。看着父母皱纹渐增的脸庞，很多人都开始感觉到了肩上担子的沉重。

一项调查显示，74.1%的人表示生活工作压力大，照顾父母力不从心；68.4%的人表示要承担多位老人的养老；50.1%的人表示生活在两地，无法把父母接到身边照顾；42%的人表示社会保障、医疗保险在不同城市无法互通；37.7%的人表示养老院等社会养老机构无法让人放心。

第六次全国人口普查的数据显示，2010年我国老年人口比例已达13.3%，人数为1.78亿。据预测，“十二五”期间，我国每年平均增加的老年人将从“十一五”期间的500多万人提高到800多万人。

赡养老人是每个儿女应尽的赡养义务，尊老爱幼，是中华民族千年的美德，需要后代的传承与发扬。作为新时代的儿女，更应该做得更好，赡养老人，不仅在道德范围内应当被遵从，在法律上也是有严格规定的。

“老吾老，以及人之老”历来被人们所传颂，每个人都会有老的时候，都希望能有一个幸福美满的晚年。那么，就让我们从现在做起，从自己做起，做一个尊敬老人，孝顺父母的好儿子，好女儿！

2

学会感恩你的父母

也许你还没有为人父母，也许你根本就没有感受到为人父母那一份无私的爱和奉献。当你学会感恩时，也许你发觉光阴早已流逝，到时也许你会知道感恩对我们的良知有多么重要，对我们的心灵有多少触动，请不要忘记：带给你生命的人是谁？

学会感恩，你会懂得什么叫做生活；学会感恩，你会体味到什么是人生的真谛；学会并懂得感恩的人，才会真正感受到生活的幸福和人生的快乐。

我们还在另一个世界的时候，有两个人悄悄地把我们带到了这个世界，他们就是我们的父亲和母亲，唯一能给我们最尊贵生命的人。

长大后，我们一个个飞离父母的身边，有多少人又会想起远在家乡的双亲日日夜夜在盼望着他们的儿女早日归来。我们又可曾回想：当我们在外遇到困难时，是否记起父母亲在我们远行时那充满深情的叮咛和牵挂。当想起他们时，是否发现我们内心里感受着父母亲给我们带来的幸福和骄傲，那几句叮咛和牵挂会让我们更加坚定、更加坚强地生活下去。如果你想着你的父母亲，那请你记住：一定要感恩你的父母。

子路，春秋末鲁国人。在孔子的弟子中以政事著称，尤其以勇敢闻名。但子路小的时候家里很穷，长年靠吃粗粮野菜等度日。有一次，年老的父母想吃米饭，可是家里一点米也没有，怎么办？子路想到，要是翻过几道山到亲戚家借点米，不就可以满足父母的这点要求了吗？于是，小小的子路翻山越岭走了十几里路，从亲戚家背回了一小袋米，看到父母吃上了香喷喷的米饭，子路忘记了疲劳。邻居们都夸子路是一个勇敢孝顺的好孩子。

包拯少年时便以孝而闻名，性直敦厚。在宋仁宗天圣五年，即公元1027年中了进士，当时28岁。先任大理寺评事，后来出任建昌(今江西永修)知县，因为父母年老不愿随他到他乡去，包公便马上辞去了官职，回家照顾父母。他的孝心受到了官吏们的叫口称颂。

几年后，父母相继辞世，包公这才重新踏入仕途。这也是在乡亲们的苦苦劝说下才去的。

东汉时的黄香，是历史上公认的“孝亲”的典范。黄香小时候，家境困难，10岁失去母亲，父亲多病。闷热的夏天，他在睡前用扇子赶打蚊子，扇凉父亲睡觉的床和枕头，以便让父亲早一点入睡；寒冷的冬夜，他先钻进冰冷的被窝，用自己的身体暖热被窝后才让父亲睡下；冬天，他穿不起棉袄，为了不让父亲伤心，他从不叫冷，表现出欢呼雀跃的样子，努力在家中造成一种欢乐的气氛，好让父亲宽心，早日康复。

老一辈革命家朱德著文《回忆我的母亲》，以无限的深情赞颂了母亲无比的爱和高尚的品质。毛泽东接到母亲病危的家信，星夜上路，昼夜兼程，他抚摸着母亲的棺木放声恸哭，悲痛之中挥笔写下《祭母文》：“吾母高风，首推博爱。”宋庆龄孝心至诚，在母亲灵前“饮泣不已”。陈毅探母，执意要给瘫痪在床的母亲洗衣服。

在上海建平中学，一个13岁少年的题为《妈妈，我就是你的眼睛》的发言，使全国女市长考察团的26位成员潸然泪下。这位同学9岁时，母亲双目失明，他幼小的肩膀过早地承受了家庭的责任和义务，为了买一盘母亲喜欢的沪剧磁带，他利用休息日在上海的街头整整跑了6个小时！

或许有一天你会发现:父母头上被岁月摧残的缕缕白发和皱纹,那些对我们爱的见证。父母对我们的爱,也许我们年轻时不懂,而当我们成熟时却又被我们的生活所忽略。我们生活在这样一个社会里,经常因为工作压力等因素会使用一些尖刻和无礼的语言,用极不负责的态度给这份天底下最无私而又最伟大的爱蒙上了一层阴影,而能够承受起这份尖刻和无礼伤害的人却仍然是我们年事已高的父母。当在你懊悔的时候,你又会再次听到那充满关爱的话语,这时你又可曾想到父母的伟大?你又可曾想起如何感恩自己的父母?

能够享受父母之爱的人,是世界上最幸福的人。其实,父母在对待我们的问题上除了奉献别无他求;其实,我们面对最敬爱的父母,完全可以从每一个细小的事情上做起,在力所能及的情况下,把自己的一份感恩一份尊敬一份关爱传递给他们。所以为人儿女者要永远谨记:无论你工作有多么繁忙,应酬多么重要,只要有时间,请记得回家陪伴你的双亲,也许你会从他们慈祥的眼中感受到他们的快乐和满足。也许我们不能给父母亲富裕的物质生活,但我们决不能让父母亲在失落中渡过余生。你的一个电话,一声问候,都会给父母亲带来无比的温暖。

生命是短暂的,眨眼之间你会发觉时间已过去一大半,或许我们也已成为一个老人。不要等到一切都来不及时再去懊悔和自责,在父母有生之年,用我们的孝心和爱心,共同给饱受生活磨难的父母送上一份快乐和一份幸福!

3

父母需要的只是多一点陪伴

广州曾做过一次大型社会调查,题目是“老年父母最希望的事情是什么”,调查对象是随机抽取的10000对老年夫妇。

在为时半年的调查中,组织者深入城乡,分别让这些不同区域的老人填写问卷。结果出来后,刊登在当地最具影响力的报纸上,引起了社会的广泛关注和深刻检讨。

在“老年父母最希望儿女为自己做的事情”一栏中,百分之九十八的老人都选择了“抽时间多陪陪父母”这一选项,而选择“给父母大量的生活和消费费用”的仅占不到百分之一。可见,父母最希望儿女们能多陪陪他们,而不是儿女们的物质给予。在这次调查中,很多老人留下了原因,多种多样,但归根结底就是自己活了一辈子了,不缺那点钱花,更需要的是情感上的安慰。

在“最希望过的日子”一栏中,竟有百分之八十七的老人选择了“和儿女一起吃团圆饭”这一选项,而选择“外出旅游”的仅占百分之十几。理由是跟儿女在一起时心情才最愉快。

调查显示,最为寻常的事父母反而最憧憬,但越是这种寻常的事情,在现代化生活的快节奏下越难以实现。年轻人都太忙了,工作、加班、聚会、上网,现代化的生活面面俱到,唯独冷落了老人,凝固了一片孝心。

甚至有许多儿女都嫌父母唠叨,不愿陪老人说话。他们认为,多给老人一些物质上的满足,父母衣食无忧就是享清福了。殊不知,老人更需要的是精神上的慰藉,哪怕只是多看孩子们几眼,多和孩子说几句话。

说话是心理上的一种宣泄,是融入社会,保持正常心理的一种需求,也是表达感情的重要方式。老人退休在家,与社会接触交流少了,特别希望能和孩子们多聊聊天,了解孩子们在想些什么,做些什么,把自己的所看、所思、所想告诉孩子们。父母的一生对孩子所求甚少,他们对孩子的亲情从来都表现为奉献,为孩子遮风挡雨,把孩子培养成人。只是到晚年,孤独寂寞时,才有所索取。而这种索取又是如此之低,仅仅是想多和孩子说说话。

不要等到阴阳相隔,父母再听不到我们声音的那一天,才彻底明白,父母的需求是那么容易满足。我们根本不需要做很多,有时甚至仅仅是倾听。不要等到一切都无法挽回,无可弥补,在以后漫长的人生里,只能怀着深深地愧疚和遗憾,在心里默默地和逝者倾谈,祈求他们的谅解。

多陪父母说说话,多给他们一些精神上的满足,这也是一种孝顺。

有一位中年人写文章怀念他的父亲，说父亲的晚年寂寞，很想和儿女多说说话，可是儿女始终很忙。后来父亲去世了，在临终前他对着聚集在床边的儿女很兴奋地说了许多，儿女怕他累着，劝他不要说了，好好休息。他的最后一句话带着倦意："好吧，不说了，你们都很忙。"然后他就真的永远休息了。

我相信很多人看到这类文章，都会产生自警：一定要多跟父母说说话。但是当他们真的这样做的时候，又会不可避免地产生一种逃避心理——说着说着，忽然就觉得不耐烦了。

说话成了任务，就再也找不到快感了。本来，人们心里有东西是要宣泄的，而面对已经退休或年老的父母，儿女却觉得说了也没用，甚至有的还认为父母不能解决自己的问题，说不定还会跟着瞎烦，因此有事情、有情绪也懒得同父母谈话交流。所以很多做儿女的，都愿意在物质上尽量满足父母，同父母说话却越来越少。

事实上，父母尤其需要的只是和儿女多说说话。他们对儿女亲情从来都表现为奉献，唯有这个时候想要有所索取，即说话交流，但是多半却得不到满足。

也许要到与父母咫尺天涯，彼此声音完全隔绝的那一天，子女们才会懂得：父母对说话的需要所暗含的生命意义；也许只有真切到生死离别，才能使人明白：父母的说话需求是多么容易满足。

4

家庭美满才是老人健康长寿的秘诀

经过对我国长寿老人的调查，人们发现，老人健康长寿的秘诀并不是吃多少山珍海味，过得多么悠闲奢侈，他们健康长寿的秘诀只有一个，那就是家庭美满。

家住长寿路街道的回族老人杨锡华迎来110岁生日，一身穆斯林装束，皮肤白净、嗓音清亮，看起来颇显年轻。她退休前是上海第七织布厂工人，一直居住在长寿路街道，家中四世同堂共12口人，一双女儿也分别当上外婆和奶奶。

老人的亲朋好友以及街道、居委会干部专门为她设宴庆祝。烛光映照、众人簇拥下，老人连连表示"很开心、很幸福"。

"家庭美满，是母亲最重要的长寿秘诀。"老人的小女儿杨红珍说，他们全家都是工薪阶层，生活虽不算富裕，但家庭关系特别融洽。杨红珍夫妇随父母住在老小区的一套顶楼两室户里，包揽所有家务。夫妻俩见老人牙不好，便常年陪老人吃烂饭、肉糜；怕老人觉得憋闷，就请来亲友陪老人打牌聊天；一到晴天，就把老人的藤椅、收音机搬到阳台，服侍她在阳光下打个盹……杨红珍说，几乎每个周末，她儿子一家和她姐姐、外甥女一家都会上门，小屋里满是欢声笑语。

杨锡华说："街道照顾、邻里和睦，对我来说也很重要。"街道为他请了居家养老服务员，每天上门提供一小时的家政服务，每天免费送一瓶牛奶，每月发放150元营养补贴。逢年过节，居委会干部总是提着大包小包上门慰问。此外，由于长寿路街道是上海回民聚居地，围绕清真寺居住的穆斯林们平时走动很多，左邻右舍常有人上门看望，因此老人也很少觉得寂寞。

当与人翻阅起相册时，杨锡华老人的女婿一边翻阅一边细心地讲解着每一张照片背后的故事："这张是老太太100岁大寿时照的，前面那个是我正在喂老太太吃长寿面。老太太特别高兴，一整天笑得合不拢嘴。还有这张是老太太102岁生日时照的，亲朋邻居都来家中帮老太太庆祝生日，场面特别热闹……"

今年4岁的彤彤是老人的重孙女，也是她的心头宝贝，几乎每天全部的精力都花在疼爱宝贝重孙女身上。而4岁的彤彤最爱的也是这个百岁的"老太太"。杨锡华老人的女婿说，这几年老人不爱说话，但是只要有重孙女在，总能听见她的笑声，“从彤彤一进家门，老太太的眼神就一直跟着她的宝贝重孙女。老人喜欢看电视，但是只要有重孙女在，她就会完全依着彤彤的喜爱，陪她看动画片。”

俗话说“家有一老，如有一宝”，老年人是家庭乃至整个社会的财富。而家庭生活是否和谐美满则直接关系着父母晚年生活的幸福度。而对于一个家庭来说，婆媳关系就是最难以和谐的关系之一，因此，巧妙地处理好婆媳之间的关系与老人的幸福也有着很大的关系。

玲玲的小姑子小芳拿回来一身新衣服，很漂亮。做儿媳的玲玲看到眼里，心里很不高兴，怀疑是婆婆给小姑买的。认为婆婆偏爱女儿，对自己另眼看待。她越想越有气，说话时也带刺儿：“唉，还是姑娘亲啊！”为了团结，婆婆上街买回来同样的衣服给儿媳，说：“我不能亏待儿媳，一人一件！”可是后来，玲玲才知道小姑子小芳找了个男朋友，那件衣服是她男朋友给她买的，根本不是婆婆给买的。这时，她心里一阵自责，同时感激婆婆的宽容。从那以后，她再不多疑，转而信任婆婆，婆媳关系也亲密多了。

作为媳妇，应该学会以婆婆为圆心，以自己和婆婆的距离为半径画“圆”，这样才能处理好婆媳关系。

有些儿媳，跟自己的母亲能够滔滔不绝地说个不停，在婆婆面前却无话可说，两人之间老觉得特别别扭。而要缓和这种气氛，就要学会主动亲热，在婆婆耳边多吹点“甜”风，多说“蜜语”。

子女成年后通常忙于自己的家庭和事业，而老年人却由于丧偶、独居、退休等原因，社会交往减少，因此常常会感到空虚寂寞，心理上往往产生孤独感和失落感。这让老年人常表现出两种情绪，要么沉默寡语，表情淡漠，情绪低落，凡事都无动于衷；要么急躁易怒，易发脾气，对周围的事物看不惯，为一点小事就发脾气。而这两种情绪对老人的健康都是十分不利的，因此，保持家庭的和谐，多陪伴老人是让老人感受到幸福，并保持健康的最关键因素之一。

5

父母不会在原地等你

父母最大的心愿是儿女“听话”。所谓听话，并不是指全听父母的话，而是儿女都能按父母的愿望、按照社会道德和规则做人、做事，不涉邪劣，禁烟、禁赌、禁乱淫，努力在各自岗位上获得成绩；受到良好教育，积极向上健康成长。

然而，很多时候，就是因为父母对我们的这样一种期盼，而让自己陷入了孤独之中，甚至有的子女还因此永远与父母相隔阴阳。

崔琦出生在河南农村，父母都是大字不识一个的农民，但是他妈妈颇有远见，咬紧牙关省吃俭用，在崔琦12岁那年将他送出村读书。这一走，造成了崔琦与父母的永别。后来他到中国香港、美国，成了世界名人。在一次杨澜的采访中，谈到这里，杨澜问崔琦：“你12岁那年，如果不外出读书，结果会怎么样？”结果当然就是他不会有今天的成就，也许现在还在河南农村种地。

可是崔琦的回答却大大出乎人的意料，他说：“如果我不出来，三年困难时期我的父母就不会死。”崔琦后悔得流下了眼泪。在他拼搏奋斗的生涯中，他肯定不止一次地想过他的父母，也想过有一天终于和父母相守在一起。但世事不如人意，蓦然回首，父母已经离他而去。从此，人生无论怎样辉煌，终究无法弥补父母已经不在的遗憾。

崔琦回忆说：我想起了前不久从美国归来的一位朋友。接到他的电话时，我颇感意外。因为这位朋友远在美国，想在国外定居，父母也很支持，工作学习都很顺利，我们都以为，他在美国定居是理所当然的事情。现在有好多人不是都想方设法跑到国外去吗?

可到了决定的关头,他犹豫了。这些人在国外,看着朋友们来回奔波于美国中国的,这回有朋友的母亲病重了,这回又有朋友的父亲去世了,要回去奔丧了。回来后,朋友们都长吁短叹的,后悔不已。并且出现了很多很多的“早知道……早知道……”这种情况让他战栗不已,跟着也有了电话恐惧症,害怕听到来自国内的电话,特别是家里的电话,恐惧一直围绕着他。虽然父母也很支持他在美国定居,但是父母单独留在国内,的确也是很令人担心的。思前想后,他下了个大决定,回国!美国的朋友们都出乎意料地支持他,希望他别重蹈覆辙,好好地陪父母走完最后的人生道路!于是他回国了。

回国后,他在城里上班,父母在离城不远的郊外居住,过着田园般悠闲的生活。他每天都回家吃饭,周末一般没什么活动也呆在家里,陪父母聊天、下棋。某一周末,朋友们约他出去玩,时间是两天一夜的周末,说“你天天回家陪父母,和朋友们都聚会少了,一直呆在郊外多闷啊。走,去好好地玩他个天翻地覆,父母少陪两天没事的”。他拒绝了朋友,淡定地说:“父母老了,他们不会一直在原地等你的!他们一辈子在等你,等你出生,等你长大,等你上学回家……现在等你下班回家吃饭,他们还有多少时间可以等呢?”说完就回家了。他不知道的是,那天的聚会没有办成,朋友们都马上赶回家了……因为,父母不会在原地一直等你的!

天下唯有孝敬父母是最不能等的。

很多人背井离乡,甚至远至海外,为了追求他们的梦想,追求事业有成,追求前途无量。总是想着等自己有了钱一定好好的孝敬父母,想着买了大房子就一定接父母来住,想着忙过了这一阵子一定回家看望父母……然而,父母是不会在原地等你的。也许,等你有一天人生辉煌时,父母却早已离你而去，让你留下“子欲养而亲不在”的懊悔。

子曰：“父母在，不远游，游必有方。”一次离去的结束意味着更远的离去，归期却不可知。回头再望，家乡是如此美丽，父母在身边才是何等温馨。

第十章　对伴侣负责，享受恋情的浪漫与温馨

1

对另一半负责，爱情没有重来的机会

爱情是人世间最美的情感，却也是最脆弱、最残酷、最容易失去的一种情感。爱情可以让你热烈如火，也可以瞬间让你心冷如冰；爱情可以让你踌躇满志，也可以让你瞬间丧失一切斗志……

她是一个漂亮的女人，能力强口才也好，很快就从一个默默无闻的播音员成为了一家电台的红牌主持。她的丈夫非常普通，普通到钻进人群就再也找不到。

结婚三四年了，她已经大红大紫，丈夫却仍旧是当初的景象。

她心里渐渐有了不平衡。丈夫实在是太普通了，不能给她大大的房子、名牌的时装和豪华的轿车。尤其是当两人一起出去时，别人看到之后的那种眼神，更让她受不了。慢慢地，她的应酬越来越多，回家的时间也越来越晚。终于有一天，一个男人出现在她面前，满足了她丈夫不能满足的所有愿望。她开始和这个男人同居，经常整晚整晚地不回家。

丈夫并没有为此跟她吵闹，还是像刚结婚那样。每当一个人在家的时候，就会剥莲子，然后把莲子里小小的心抽出来，煮成茶给她喝。丈夫知道，她是靠嗓子工作的。因为她时常不回家，茶几上细细长长的莲子心已经积累了一大包。

一次，她回家拿东西，屋里没有开灯，丈夫坐在黑暗中的沙

发上。她把灯打开，看见他正在剥莲子。她的内心软软一动，喉咙有些干涩，说："你给我煮一杯莲子茶吧。"

他非常高兴，赶紧站起身来，忙着为她煮。望着缭绕的雾气和丈夫的侧脸，她的眼睛潮湿了。她并没有等丈夫煮好茶就转身离去。正在下楼梯的时候，丈夫追了上来。她停了下来，丈夫递给她一包东西，是他剥好的莲子心，他说："别忘了多喝，这样才会对你的嗓子好。"

她发现自己的眼泪有些不听话了，低下头，毅然地转身，离开。

那天晚上，她一个人待在空荡荡的大房子里，那个男人说是有应酬，没有回来。就在这时，她才第一次体会到丈夫这么多年来对自己的爱。她伏在桌子上泣不成声。她开始为自己的行为懊悔，觉得自己对不起丈夫，为了得到一份虚荣的奢华生活，不顾及情面地背叛他、伤害他，最终自己也并没因此而幸福。

那些细长的莲子心在沸水中上下翻腾，干干的小条慢慢舒展开来，变成碧绿色。一时间她突然明白了，平淡才是生活和婚姻的主旋律，就像这杯莲子茶，苦涩之中孕育出绵长的幽香。

几天之后，她向丈夫提出了离婚的要求。她知道自己已经无脸再面对丈夫的那份爱，尽管她知道，丈夫仍旧是爱她的。离婚之后，她毫不犹豫地离开了那个男人，开始了一个人的生活。失去了，就永不会再回来，这样的心伤，就是千次百次地回首，千回百转的思念，也不能平复的。

她23岁时遇到了他，那时她还是一个刚从英国读书回来的学生妹，而他已是"无线五虎将"里最招人的翩翩公子，可他的目光却越过这些人，看上了犹如丁香花一样烂漫的她。

她的心总是惴惴的，觉得自己不够高也不够美，后来虽然走在了一起，可她的心还是惴惴不安。

就在她24岁那年，因为饰演了《射雕英雄传》里面的黄蓉，出人意料地红遍了全国，几乎所有人家的电视机里，都是她娇嗔可爱的身影。

她渐渐忙碌起来，总是有拍不完的电视剧。他却慢慢退出了公众的视线，他很开心终于可以有时间煲汤给她喝了，也可以帮她提沉甸甸的化妆箱，还可以帮她设计表演……

后来，报纸周刊的娱乐版总是会刊登她和不同男子的照片，还有各种各样杜撰的绯闻。尽管他心里很清楚，那不过是报纸周刊吸引读者的把戏，可还是忍不住要诘问。

他开始示威甚至报复——和其他女孩出双入对，甚至还默许记者拍下照片。而她的报复更决绝，她在他们的小屋里自杀了。他终于知道，她的爱就是如此义无反顾，她要在他的生命里以退场做登台，化无有为永恒。

在她的葬礼上，他将一枝红玫瑰放在她的鬓发旁，又拿出一把梳子，仔细地梳理完她的头发之后，把梳子一折两半，一半放在她身边，一半装进了自己的口袋……这是他家乡的风俗，结发夫妻永别时都举行这种仪式。

她的离去几乎把他逼上了人生的十字架，所有人都痛恨他的薄幸。他本来应该是一个很有发展前途的艺人，可从此却很少有导演找他拍片。对此他也并不在意，只是肆无忌惮地糟蹋自己，头发秃了，腰身粗了，脸蛋糙了。转瞬间，他变成了一个臃肿的沧桑男子。

这就是翁美玲与汤镇业的爱情故事，看完你是否也有些许的感动和领悟？如果你还在抱怨另一半的平凡普通，抱怨另一半的整日忙碌，不妨静下来好好想想，你是否真的能放下两人之间的感情，如果不能，那么，停止抱怨，让另一半感受到你的爱才是最好的最负责的做法。

2

珍惜爱情，享受生活中平淡的点滴

爱情其实就是一块晶莹的水晶，在折射出五光十色的同时，又像极易摔碎的玻璃一样脆弱，在随心所欲欣赏时，举手投足间彼此更要有一份小心翼翼的呵护。在爱情的路上，只有懂得珍惜的人，才会有真正的幸福，才会享受到更长久的美好生活。

一个教授在一个公开场合进行一次测试，让一个女人在黑板上写出生命中最重要的20个人，她如实写下了丈夫、父母、孩子、朋友、亲戚、同事、邻居、领导等等。然后教授说，生活中你碰到一次意外，这些人中会有5个离你而去，请你划去不太重要的5个人，她如实划去5个人。然后教授又说，你还会遇到意外，生命中还会失去5个重要之人，她又如实划去5个人……黑板上只剩下父母、孩子、丈夫的名字了。教授说，现在你又要失去两个亲人，请你划去两个，当时现场一片紧张，她噙着眼泪默默划去了父母的名字，最后教授说只能留下一个人，她看着丈夫、孩子的名字，一个也不忍划去，踯躅了很久，她颤抖着手划去了孩子的名字。当时教授就问她：父母给了你生命，而孩子是你身上掉下的肉，你为什么把他们划去了？她哭着说：父母年迈了，早晚会离我而去，孩子长大了，也会离开我身边，而丈夫是时刻陪伴我到老的那个人。

是的，只有夫妻是相互扶持相伴到老的人，只有这个人是陪你到最后的人。所以夫妻关系是家庭中的核心关系，家庭和谐不和谐、美满不美满、幸福不幸福，都要看夫妻关系是不是和谐、是不是美满、是不是幸福。

夫妻恩爱，自己幸福、儿女幸福、长辈幸福、甚至邻里亲友都得福，事业生活双丰收。

两个人结婚还不到一年,女人就已经厌倦了这样的婚姻生活,觉得没有一点意思,完全不是她当初所想象的那样。没过多久,她越来越感觉自己实在无法忍受下去了,终于在一天晚上向男人提出了离婚。

男人沉默很长一段时间之后,问:"能告诉我理由吗?"

"倦了,还需要别的理由吗?"女人说。

整整一个晚上,男人没再说任何的话,只是在一边一根接一根地抽烟。

看到男人这个样子,女人心想:一个连挽留都说不出口的人,自己跟他过一辈子怎么会幸福!女人的心越来越凉,离婚的念头也越来越坚定。

不知过了多长时间,男人抬起头来问女人:"我该做些什么,才能把你留下来?"

"给你出一道题,如果你的答案和我心里想的一样,我就留下来。"女人继续慢慢地说道:"悬崖上长着一朵异常美丽的雪莲花,我非常喜欢,可是你去摘的话,结果百分之百会摔下悬崖,你会不会摘给我?"

男人认真地想了一会儿,说:"我明天早晨告诉你答案好吗?"

女人的心情顿时灰暗到了极点。

第二天一大早醒来,男人已经不在床上了。女人起身把窗帘拉开,回头见床头柜上的牛奶杯下压着一张写满字的纸,她拿起杯子,里面的牛奶还是温热的。

上面写着的第一行字,就让女人的心凉透了:"亲爱的,我想告诉你的是,我不会去摘那朵雪莲花……"

女人真想把纸撕得粉碎,再狠狠地丢到垃圾桶里,但接下来的字还是让她打消了这个念头。

"下面,请允许我陈述自己不去摘的理由:你只知道用电脑上网打字，每次总会把程序弄得一塌糊涂，然后对着键盘哭，我要把手指留着给你整理程序；你出门经常会忘记带钥匙，我要把双脚留着好能够跑回来给你开门；你酷爱旅游，可是即便在生活了 14 年的城市里也常常迷路，我要把眼睛留着给你带路；每月当'好朋友'光临时，你总会全身冰凉，还肚子疼，我要把手掌留着来温暖你的小腹；你平时总爱待在家里，不大愿意出门，我要把嘴巴留着替你驱赶孤单；你总是长时间地盯着电脑屏幕，眼睛被糟蹋得已不是很好了，我要好好活着，等你老了，给你修剪指甲，替你拔掉令你懊恼的白发，拉着你的手，在海边享受美好的阳光和柔软的沙滩，告诉你每一朵花的颜色……所以，即便你很希望得到那朵雪莲花，可不能确定有人比我更爱你之前，我不想去摘那朵花……"

女人满含着热泪看完，心里充溢着甜蜜的幸福感。就在这时，轻轻的敲门声响起了。她飞快地跑过去，打开门，只见男人手里正捧着她最喜欢吃的鲜奶面包，站在门外，紧张得像一个犯了错的孩子。

只有学会去经营，懂得去珍惜，爱情才会散发出恒久的芳香。如果不知道珍惜，即使拥有再美满的爱情，你也不可能感受到幸福和甜蜜。

或许在日复一日的生活中，我们会因渴望激情和浪漫的心而忽略了一直紧紧包裹着我们的幸福，于是开始艳羡那些书本里才有的爱情故事，觉得那样才轰轰烈烈，才不枉此生。殊不知，所有的繁华和热闹都只是路过而已。爱，其实就在彼此之间那些微不足道的举动里，就在那些平淡无奇的话语里。

生命是一次没有回程的旅行，爱情与婚姻亦是如此。珍惜你的爱情，享受生活中平淡的点滴，你会感受到很多不曾发觉的幸福。

3 爱情之花需要浪漫的浇灌

恋爱需要投入，婚姻更需要经营；恋爱需要浪漫，婚姻更需要在平凡中点缀浪漫；恋爱需要理解，婚姻更需要宽容。所以要保持爱的长远，保证爱情不褪色，就需要用浪漫来点缀，需要你我悉心去经营。婚姻中的浪漫并不一定要月光、蜡烛、鲜花或是甜言蜜语，婚姻中的浪漫是点点滴滴的关爱，是无处不在的体贴，是心意相通的默契。

晓雯边在厨房里做着晚餐，边不时抬头望一眼正在院子里修剪草坪的丈夫李强，嘴角挂着一抹温馨的笑意。

她和丈夫结婚都三十多年了，可彼此还是那么亲密，就如同一对新婚燕尔的伴侣。

两人虽一大把年纪了，李强还总是称晓雯为"亲爱的"。"亲爱的，你觉得那里的草是不是还有些长。"李强拉开窗户，半伸进头来，指着不远处的一片草坪问晓雯。"不，刚刚好，你做得非常棒。"晓雯微笑着回应。

许多年前，李强还只是一名微不足道的小职员，在一家公司里做文职一类的工作。那时他很穷，甚至在打算向晓雯求婚时，连一枚像样点的宝石戒指都不能送给她。为此，他一度很沮丧。可他深爱着晓雯，他鼓起勇气来到晓雯面前，请求她能嫁给他，他忐忑不安地对晓雯说："我没有钱，买不起戒指，但我爱你。"

面对这个因紧张而声音颤抖的羞涩男孩，晓雯笑了，说："我相信你，就让我们一起努力吧。"

晓雯和李强结婚的时候，戴在手上的结婚戒指是几十元钱买来的便宜货。

原本平淡的婚后生活，因为晓雯的善解人意而显得欣欣向荣。她总是第一时间把自己的幸福感告诉李强："我非常喜欢你送给我的那台冰箱，比起那些笨拙的冰柜来，我觉得它更实用。"

"你帮我挑的这件衣服真合身，穿着出去既太方又好看，你真有眼光。"

"你说什么？整罐巧克力都是送给我的吗？真让人难以置信，没有比这更好的礼物了，亲爱的。"

对于晓雯这样的言语，李强的欣慰和幸福溢于言表，每当他看着晓雯那种陶醉的眼神，心里总是暖暖的，也更增强了自己努力向前的动力，用他的话说就是："这对我是最大的鼓励，让我知道自己应该做些什么。"

后来，李强开了一家自己的公司。当他用自己赚到的第一笔钱买来一枚真正的宝石戒指，并把它戴在晓雯的无名指上时，晓雯却没有像往常一样，而是满眼含着热泪和李强紧紧相拥在了一起。

他们的孙子也已经上小学了，他们的爱却依然如旧。当被问及他们是如何经营这段爱情的时候，晓雯说："用一颗真心去爱对方，并用真心来感受对方给自己的爱，我们一直是这样做的。"

爱情是最娇贵的一种感情，一不小心就会受伤。因此，爱情是需要一生都用心去做的功课，需要用心呵护。如何经营，则更需要用心，用爱，用真情。

有一次村里发大水，男孩忙着去救别人，而没有去救女孩。别人问他为什么，男孩说，如果她死了我也不会独自活在这个世上。这一年女孩21岁，男孩23岁，女孩嫁给了男孩。

闹饥荒的年月，两人只有一碗粥，他们互相谦让，都想让时方吃下去，结果这碗粥在三天后变馊了。那时他们分别是41岁和43岁。

当他53岁那年，因家庭成分不好被挂上牌子批斗，已51岁的她心甘情愿地陪伴着他。她告诉他，无论有多大的苦多大的难，你是我生命中唯一的支流，我永远是你爱的源头。

许多年过去了，他们成了古稀老人。在一次坐公共汽车时，一位年轻人给他们让座，他们都不肯坐下而让对方站着，于是两个人紧紧靠在一起抓着扶手。这时车上所有的人都被这美丽而朴素的场景感染了，齐刷刷地站了起来，充满无限敬意的眼睛，仿佛看到他们心中的玫瑰花正在盛开，醉人的温馨里浸润着浓浓的爱意……

这就是真正的浪漫爱情，在至爱至亲的道路上，不管遇到怎样的情形，相互勉励与祝福，共同承受生活中的痛苦与磨难、幸福与快乐，一生一世。风风雨雨的人生，在几十年的经历中，谱下最真实的乐章。这就是爱情，不朽的爱情，弥足珍贵的钻石爱情。拥有了它，就可以踏踏实实地走自己的路，享受自己的生活。

无论世事怎么变迁，婚姻和爱情仍然是最为古老最为美丽的故事！只要我们多一份感受对方之心，多一份宽容对方之心，多承担一份苦难，少一些责难，少一些逃避；对生活多一点热情，对感情多一点激情，对婚姻多一点宽容；用真诚的心灵、浪漫的情怀，去经营婚姻中的感情世界，我们就一定能享受到最和美最长远的爱情。当然，生活中的浪漫大多体现在无数的细节中。只要大家彼此用心，工作再忙，生活再累，同样可以让两人的生活增添更多的浪漫与甜蜜。

相爱的人不得不奔波于柴米油盐，在风风雨雨的磨练中，会生气、会斗嘴。爱情终究会渐渐归于平静，婚姻归于平淡，但爱却不会有丝毫的改变，反倒因为浪漫的点缀在岁月的沉淀中越陈越香、越久越浓。

4 浪漫之余，别忘了为对方保留一片天空

再圣洁再炽热再浪漫的爱情也是需要私人空间的。尽管有家的形式存在，但在同一个屋檐下的两个人也是彼此独立的。谁也不是谁的附属，谁也不应该希望别人成为你的附属。就像舒婷在《致橡树》中所描绘的爱情那样，不攀附，不忘我，独立，自我，“仿佛永远分离，却又终身相依”。

因此，在让对方感受到你爱的同时，也要记得留给对方足够的空间。

亚玲和赵鹏从小青梅竹马。赵鹏的家境不是很好，亚玲家却很有钱。两个人在省城念大学时，亚玲总是省吃俭用，把节省下来的钱给赵鹏，让他交学费。寒暑假期间，两人还经常一起出去勤工俭学。赵鹏非常喜欢亚玲的朴实，尤其对自己的那份关心和爱护更让他感动。两人最大的目标就是毕业后能一起留在省城，能有属于两人的房和车，然后再把双方的父母都接来，一起过好日子。

他们的想法终于如愿以偿了。毕业后赵鹏在一家外企找到了工作，亚玲也进入了一家国内较大的电冰箱企业。一年之后，两人携手步入了婚姻的殿堂，开始了新的生活。

亚玲是一位典型的贤妻良母。她善解人意、聪明能干，无微不至地照顾着赵鹏，打理着家里的一切日常事务。赵鹏全身心地投入到工作当中，两年之后，因为能力和业绩都比较突出，被任命为一家下属公司的负责人。对于亚玲的付出，赵鹏很是感动。一次闲聊时，朋友不经意间的一句话，使亚玲的心里泛起了波澜。朋友开玩笑地说道：“你要当心了，男人可都是一有钱就变坏了！”回到家里，联想起赵鹏最近总是早出晚归的事实，回家后越来越紧绷的脸时,亚玲不由得在心里打起了鼓。

亚玲很想知道赵鹏对自己对婚姻是否还忠实,还想知道他在外面到底忙些什么?这些亚玲也当面问过赵鹏,开始赵鹏的回答还令她比较满意。后来她再问,赵鹏就一副不耐烦的神情,这更加重了她的怀疑。于是,她一面更加温情地对待赵鹏,一面找人暗地里跟踪赵鹏。

两个多月以来,赵鹏老觉得身边好像始终有一双眼睛在盯着自己,这让他很恐慌。后来同事建议他说,可以请人反跟踪。没多久,他就知道了这件事背后的真相。

赵鹏心头不由涌上一种被侮辱的感觉,想自己在外面辛辛苦苦打拼,不就是为了让她过上好日子吗?现在日子好了,她却不信任自己了。赵鹏失望极了,却没有声张。

尽管亚玲还是一如既往地爱着赵鹏,无微不至地照顾着他,可在赵鹏的眼里却变成了一种手段。亚玲对他越好,他越是甩不掉那双潜藏在周围的眼睛。这样的思想包袱一直沉重地压在赵鹏的心头,他发现两人之间的感情越来越苍白,自己面对亚玲时的心情也越来越压抑。

终于有一天,尽管亚玲苦苦哀求,赵鹏还是提出了离婚。

很多人认为婚姻就是把两个人捆绑在一起,因此他们也就像亚玲一样,希望掌控对方的一切。可惜,婚姻并不会因双方越来越近而变得越来越好,更多时候反而是越来越糟。

一个即将出嫁的女儿问她的母亲:“妈妈,结婚后我要怎样经营我的爱情?”妈妈没说话,用双手从地上捧起一捧沙子,这时的沙子在手里是满满的,堆成小山的。母亲把双手握成拳头,沙子马上从每个指缝洒落下来,手中的沙子所剩无几了。此时母亲说:“爱情,当你抓得紧紧的时候它往往会更想跑,而放开一点,它会让你很满意,很幸福。”

这就是爱情和婚姻永恒的秘诀。生活中的许多事情都是这样,往往抓得越紧,失去的可能性反而越大。婚姻尤其是这样,即使是亲密的夫妻之间，也要给对方留出一定的空间和自由来，这是一种信任的表现，更是一种爱的表现。

5 夫妻相处的秘诀和艺术

托尔斯泰有句名言："幸福的家庭都是相似的，不幸的家庭各有各的不幸。"为什么幸福相同而不幸福却各不相同？就因为幸福的夫妻掌握了幸福的秘诀，相处融洽；而不幸福的夫妻却随心所欲，毫无章法，所以才各有各的不幸。

当爱情走过热恋到达婚姻殿堂的时候，那些炽热的话语、亲密的接触、相互之间的神秘感逐渐消逝，取而代之的是一天紧挨一天的日子了。柴米油盐酱醋茶这些看似芝麻大的小事成了日常生活的主旋律；公公婆婆、岳父岳母、七姨八姑似乎都成了两人世界中的"第三者"，这些都是现实的婚姻所无法回避的本质。当爱情渐老，婚姻正长，我们要学会自己呵护婚姻，用心体会真情，才能永保爱情的新鲜。

婚姻生活或许会显得有些平淡，可平淡之中难道就没有幸福的暗流吗？习以为常的生活，习以为常的交谈，习以为常的柴米油盐，我们可曾就在这些习以为常之间，漠视了对方对自己爱的表达，漠视了自己拥有的那份幸福呢？

有一个美丽的女人，虽然结婚已经有些年头，但依然风韵不减。本来她的婚姻也如同她的美丽一样出众，她也一度觉得这样的生活无可挑剔。时间不经意地流逝，就像一道美味的佳肴，吃得久了，便也吃不出什么味道来了，她开始厌烦这样的生活。

就在这个时候，她遇到了一个男人，他幽默风趣，有着大山一般厚重的背脊和大海一般深邃的眼睛。较之于丈夫的单薄和寡味，她看到了一个丈夫之外的全新世界，她为自己能拥有这个世界而心动不已。

她终于下定决心和丈夫离婚。

当丈夫从她口中听到这个决定后，并没有对她大喊大叫，只是坐在客厅的沙发上长时间地沉默。

沉默中，她拿出随身带着的小剪刀开始修理指甲，或许这把小剪刀用的时间长了，有些钝，不太好使。

“你把茶几上的那把新剪刀递给我用用，这把旧的不好使了。”她说。

丈夫微欠起身子把剪刀拿在手里，转身递给了她，不经意抬头望她的眼睛里有些潮湿。她忽然发现，丈夫在递剪刀给她的时候，刀柄冲着自己，刀尖是冲向他的。

“你怎么这样递剪刀呢？”她的语气里带着几分诧异。

“我一直都是这样递剪刀给你的。”丈夫说，“你总是那么大大咧咧，刀尖要是冲着你，你随手一接，还不把手给划破了。”

“是吗，我以前怎么没注意到？”她说，心突然像被什么东西刺了一下。

“或许是太平常了吧……”丈夫微扬起头故作轻松地笑了笑，但最终还是低下头去。顿了顿，丈夫继续说：“这么多年来，我一直是这样做的。其实从我第一眼看到你时，就在心里对自己说，我要给你最大的空间，让你随心所欲地在里面奔跑。就像刚才递剪刀时把刀柄给你一样，把爱情的生杀大权给你，让你不会受到伤害——最起码不会从我这里受到伤害。这也许并不惊天动地，也不像别人那样轰轰烈烈，可这就是我对你的爱。”

时间仿佛凝固在了这一刻，她止不住泪如泉涌。是的，丈夫一直是这么爱她的，丈夫给予她的一直是刀柄之爱，不让她受到任何伤害。

婚姻需要用心去经营，爱需要成长，成长中的爱情婚姻需要“爱”来滋润。人人都渴望有一个和谐幸福的家庭。生活在和谐幸福家庭中的夫妻，他们以爱相许，彼此包容、信任、体谅、宽恕，勇于承认自己的过失，勇于向对方道歉；他们坦诚沟通，用心聆听，积极地解决问题，而不是回避矛盾，懂得有效地处理冲突和差异；他们彼此欣赏，互相鼓励，给对方适当的空间；他们不断学习，丰富自己，懂得爱需要共同成长；爱情婚姻需要用心去经营，需要用浪漫去点缀；重新焕发激情，才能永远保持爱情的新鲜、婚姻的甜蜜。

如果我们把做家务当成一种享受，把关注对方、理解对方、宽容对方、帮助对方当成自己应尽的一份责任，把经营爱情，记住对方的生日，偶尔送一束鲜花，写写婚姻日记当成一种日常生活，想方设法给婚姻生活添加一些浪漫，增添一些关怀，那么，我们的婚姻生活也会增色不少！爱情来源于日常生活的时时刻刻、方方面面、点点滴滴，一句温柔的情话，一杯酽酽的热茶，一个会心的幽默，一次争执的让步……

这都是平实的浪漫，都是悉心经营的技巧，只有这样，爱情之花才会越开越艳。

当爱不仅仅局限在一个“爱”字上的时侯，也许那才是爱的真谛，也才是夫妻和谐相处的基本原则。

第十一章　对孩子负责，享受为人父母的喜悦与骄傲

1

明白孩子最需要怎样的爱

很多的家长都说自己是天底下最疼自己孩子的家长了，但是您知道自己的孩子最需要什么吗？只有孩子能感受到，这种爱对孩子来说才是有意义的。

中国人的感情比较含蓄，不习惯于轻易表达，虽然这种情况父亲较为多见，但母亲也并非没有，以致尽管父母们爱孩子爱得很深切，但是孩子却无法感受到。

此外，为了给孩子提供更好的生活，有的父母整天忙于工作或自己的娱乐而很少与孩子待在一起，以致让孩子产生被父母疏远或者被父母遗忘或者在父母心中自己无足轻重等错觉。

小凡是一位三年级的学生，由于父母对他的期望非常之高，因此，平常对他虽然疼爱有加，但严厉批评教育却是他们表现自己爱的常用方法。为了能让妈妈对自己和蔼一些，小凡想尽了各种办法，却始终无法享受到那份和蔼的母爱。

这天，小凡的妈妈正在忙着处理公司的业务，却突然接到了老师的电话——小凡生病了，而且病得很重。心急如焚的妈妈赶紧抛下了手中的事情，来到医院照顾小凡。让她意外的是，当她在给虚弱的小凡喂粥时，小凡却哇哇地哭了出来。

妈妈赶紧手忙脚乱地给小凡擦眼泪，并安慰小凡病很快就会好的，不用伤心。没想到的是，小凡却哭得更厉害了。

原来，小凡本来是可以不生病的。家人对他的照顾一直都无微不至。只是为了能够让妈妈对他温柔一点，他在每天晚上睡觉时才故意不盖被子，终于不抵严寒的侵袭，在课堂上晕倒，被送进了医院。

我们不能说这是孩子的幼稚，因为这更是妈妈的失职。不管大人生活多忙，不管大人有什么遭遇，孩子都应该得到母爱，而且孩子感觉不到的爱，对孩子来讲，是没有意义的。

许多父母脸上的"天气"阴晴随着孩子的学习成绩急剧变化：成绩好态度就好，孩子什么要求都答应；成绩不好就冷若冰霜，孩子想干什么都不成。这让孩子感到父母不是喜欢自己，而是喜欢自己的成绩。其实，考砸的时候，孩子更需要家长的关怀和接纳，这时给孩子关爱的母亲才是真正的母亲。把自己的态度与孩子的成败挂钩，并不是一种有效的教育方法，反而更容易伤害到两代人之间的感情。

但同时，爱孩子就应该为了孩子长远考虑，而不要只为了孩子短暂的满足而妨碍了孩子将来的发展。爱孩子是人类尤其是母亲的天性，以至于孩子满足的时候，妈妈会从中获得更大的满足。所以，很多家长就会乐此不疲地去满足孩子，结果不知不觉中满足了孩子不该满足的，导致了溺爱为害的结果。

我们有责任提供孩子一切成长和发展的必要物质基础，但是我们没有义务也没有必要让孩子奢侈和虚荣。

有的家长对孩子的爱非常情绪化，心情好的时候，就对孩子百依百顺，孩子做的不对也迁就；心情不好的时候，就迁怒于人，一点小错就小题大做，即便没错也找出错来指责。

这显然是对孩子的一种很大的误导和伤害。首先向孩子做了"不理智"的榜样，很容易让孩子变得情绪夸张、喜怒不加控制；其次，因为自己的情绪变化而不是因为孩子的行为来采取对孩子的态度，是一种十分不公正的表现，父母是强势，孩子是弱势，孩子无法反抗，孩子还要依赖父母。如果更认真地想，我们甚至能看到这是父母对孩子的"欺压"，无形中示范了强势可以向弱势任意发脾气的做法。

因此，家长倘若真的爱自己的孩子，就先弄明白孩子到底需要什么，只有这样才能让孩子真正感受到爱。

2

家长要给孩子看得见的爱

当家里不止有一个孩子时，为了赢得父母更多的爱，孩子们往往会有“争宠”行径，或是打架、或是争吵……不少家长发现，虽不是多子女家庭，集父母万千宠爱于一身的独生孩子竟然仍有“争宠”表现，甚至认为爸妈偏心，认为他们不够爱自己。

佩佩是一名初二班级的学生。最近，比佩佩小七八岁的表妹芳芳来到她家后，她就开始变得不高兴起来，表现出从未有过的反感情绪。她甚至总说父母偏心、不疼她了，还为此找借口打小表妹芳芳。

佩佩是家里唯一的孩子，父母对她也是疼爱有加。当然，佩佩也没有让父母失望，平时非常懂事，成绩也一直很优秀。然而，自从5岁的芳芳来她家寄住以后，佩佩却变得“不懂事”起来。只要爸爸逗芳芳玩或让佩佩让着妹妹时，佩佩就会吃醋：“爸爸去爱她吧，别要我了。”甚至好几次，佩佩都趁芳芳弄坏东西、不听话时故意打她，还理直气壮地说：“你怎么这么不乖！”

看到佩佩的行为，妈妈终于忍不住了，并训斥了她一顿。谁知，佩佩竟然伤心地哭了起来：“以前我出去玩，你总叫我回家写作业，还常打我。爸爸也是，从没见他这么疼过我。你们怎么这么偏心？”一时间，妈妈无言以对。同时，她也开始了在心里思考：“孩子怎么就感觉不到自己对她的好呢，要怎么做才能让孩子明白我们的爱？”

其实，很多时候孩子之所以会做出“争宠”的行为，真正的目的是希望得到父母更多的爱。和亲戚的孩子相比，父母面对自己的孩子时往往更加严厉，而这在孩子看来就是一种偏心的表现。不管是不是独生子女，孩子都喜欢被宠爱，渴望得到一种看得见的关爱。

因此，首先，家长要明确告诉孩子你们爱他。例如说出你爱他、亲他的脸、牵他的手、拥他入怀。其次，多和孩子聊天、玩耍。比如，可以多聊聊孩子班级、学校的新鲜事和孩子感兴趣的话题。多陪孩子去书店、公园、游乐园，也可以一起打扫房间、一起做饭，以此增进彼此的感情和了解。

当然，最重要的是要引导孩子树立一种正确的观念，乐于与他人分享。独生子女往往以自我为中心，不会与人分享。父母应当引导孩子懂得和他人分享，让他们知道分享其实并不意味着失去。

当孩子能够清楚地感受到来自父母的爱，又有着正确的判断标准，还乐于和别人分享时，他们就不会再抱怨家长偏心了。

感情是互通的，思维是不同的。怎么才能培养孩子健康的心理？不论是教科书上的教条，还是其他父母的经验，一言以蔽之，以孩子的视角去感受，以成人的目光去引导。

情感是孩子和父母进行沟通的一座桥梁。由于许多因素的差异，孩子和父母之间在很多方面都有很大的不同，比如喜欢的东西，对同一件事情的看法，等等。但是孩子的感情波动一般不会持续太长时间，而成年人不同，抑郁、悲伤等情绪会持续很长时间，几天、几个星期、几个月，甚至更长。因此，父母要学会尊重孩子的感情，不能以自己的感受去衡量孩子的感受，以切实呵护孩子的心理健康。

做父母的如果想要和孩子达到真正的用“心”沟通，首先就必须要懂得怎样做孩子的朋友。首先，父母应蹲下来，和孩子平视，以平等的身份对待孩子、尊重孩子，做孩子的知心朋友。其次，父母应尽量别用命令的口气跟孩子讲话。父母的权威并不是靠命令和强制的力量形成的，命令和强制的结果只能让孩子在表面上服从你，而在其内心深处是不服气的，甚至产生严重的逆反心理。

父母是孩子的第一任教师，父母的习惯用语、语气和态度，均能影响到与孩子的沟通。孩子在成长过程中，需要父母陪伴、指导，需要父母耐心倾听他们的心声，了解他们的心思，这样才能给孩子他们看得见的爱。如果父母不了解孩子，关爱的方法不对，亲子双方便都会感到痛苦，白白浪费许多精力与时间。

同时，家长还要了解孩子的需求，一定不要打断孩子的诉说。如果孩子的倾诉总是被家长打断，想说的话说不出来，孩子就会逐渐对家长失去倾诉的热情，甚至会认为爸爸妈妈就是不爱自己的。

因此，给孩子看得见的爱，多与孩子进行沟通，充分考虑两代人在思想观念上的差异，多换位思考，给孩子充分的理解和尊重，变“管制”孩子为“管理”孩子，才能让孩子看见你给的爱，在亲情的关爱下快乐地成长。

3

让孩子在温馨快乐中健康成长

孩子的健康成长是每个幸福家庭的重要因素。所以，孩子的教育和成长千万不可忽视。“孟母三迁”的故事有力地说明了成长环境对孩子的深刻影响。而家庭环境又是孩子成长环境中至为重要的一环，这不仅因为孩子大部分生活时间都在家里度过，还因为家庭生活在人们身心发展上所打上的烙印是终生难以磨灭的。因此，一个好的家庭环境是让孩子变得更加优秀，健康成长的关键。

下面我们来看一篇年轻爸爸的日志：

每周双休日，我都会和老婆一起回老家。每次，我们的宝贝

女儿仙儿就会迎上来,扑进妈妈的怀里,搂着妈妈的肚子,喊着“妈妈,妈妈”。我伸出手,做出叫她让爸爸抱的样子,她总是长长地“嗯”一声,把头紧紧地贴在妈妈的身上,意思是,不要我抱。但作为父亲的我,我也想抱抱小乖乖啊。

机会终于来了,昨天晚上,老婆有夜班。于是,我决定回老家一趟,看看仙儿对我如何。我到家门口,就按了一下摩托车的喇叭声,小乖乖仙儿又以为是妈妈回来了,咚咚地从屋里跑了出来,爷爷奶奶跟在后面追也没有追到。一看只有爸爸一人,没有妈妈,就问了一句,妈妈呢。我说,妈妈要上班,爸爸来了,好不好。她犹豫了一下,说噢。我说,来,爸爸抱抱。她一下子扑进我的怀里,如搂着妈妈一样搂着我,呵,我心里高兴极了。抱了一会,我说放她下来,让爸爸歇歇,她又是一声长长的“嗯”,意思是不下来。我趁机问她,长大了买好东西,给不给爸爸吃。她坚决地说,给。我问给谁吃?爸爸吃!那语气,与妈妈回来时说话是一个语气,我的心里美滋滋的。

过一会儿,奶奶说给仙儿洗洗准备睡觉,她还赖在我身上不下来,最后是我给仙儿洗了脸,洗了脚。睡觉时,就趴在我的怀里,要睡着时,还把手放在我的脖子上搂了起来。夜里,我要常起来看看仙儿是否盖好被子,我的觉没有睡好,但我的心里很高兴、很幸福,终于找到了一回做“妈妈”的感觉。

作为父母,不管你的工作有多忙,有多累,既然将孩子带到了这个世界,就一定要对他们负责。给他们更多的陪伴和关爱,孩子才能感受到你的爱,也才会对你更加亲近。

然而,生活中有些做父母的对子女过分关心,一切包办,不敢让他们独自去面对生活中的困难和挫折。但生活自有它发展的客观规律,在风风雨雨的人生路上,每个孩子都要遇到困难和挫折。如果父母大事小事都越俎代庖,那么孩子怎能磨炼出坚强意志,怎能培养出百折不挠的抗挫折精神?

当然,孩子毕竟是孩子,自制力差,往往会犯这样那样的错误,这时,父母去惩罚他们恐怕不是明智之举。事实上，在对孩子的教育中，鼓励往往比惩罚更有效。惩罚只能让孩子知道做哪些事是错误的，而奖励不仅可以让孩子知道做哪些事是错误的，而且还可以让其知道怎样做是正确的。尽量少的惩罚和尽量多的鼓励会让孩子受益无穷。

一天，孩子放学后，在客厅里玩篮球。忽然，篮球飞向了书架上的一个花瓶，"咚"的一声，花瓶重重地摔到地板上，瓶口摔掉一大块。这不是摆设品，而是祖上传下的古董。

孩子慌忙把碎片用胶水粘起来，胆战心惊地放回原位。

当天晚上，母亲发现花瓶有些"变化"。吃晚餐时，她问孩子："是不是你打破了花瓶？"

孩子灵机一动，说："一只野猫从窗外跳进来，怎么也赶不走，它在客厅里上蹿下跳，最后碰倒了架子上的花瓶。"

母亲很清楚孩子在撒谎，因为每天上班前，她都把窗户一扇扇关好，下班回来再打开。

母亲不动声色地说："是我疏忽了，没有关好窗户。"

就寝前，孩子在床上发现一张便条，是母亲让他马上到书房去。看到孩子忐忑不安地推门进来，母亲从抽屉里拿出一个盒子，把其中一块巧克力递给孩子："这块巧克力奖给你，因为你运用神奇的想象力，杜撰出一只会开窗户的猫，以后，你一定可以写出好看的侦探小说。"

接着，她又在孩子手里放了一块巧克力："这块巧克力奖给你。因为你有杰出的修复能力，虽然用的是胶水，但是，裂纹黏合得几乎完美无缺。不过，这是修复纸质物品的胶水，修复花瓶不仅需要黏蛄力更强的胶水，而且需要更高的专业技术。明天，我们把花瓶拿到艺术家那里，看看他们是怎样使一件工艺品完好如初的。"

母亲又拿起第三块巧克力，说："最后一块巧克力，代表我对你深深的歉意，作为母亲，我不应该把花瓶放在容易摔落的地方，尤其是家里有一个热衷体育的男孩子。希望你没有被砸到或者吓到。”

“妈妈，我……”

以后，孩子再也没有撒过谎，每当他想撒谎时，三块巧克力就会浮现在眼前。很多年过去了，长大后的男孩成为一名出色的侦探小说家。

多给孩子鼓励，而不是一味地责怪与批评。鼓励的力量远远超乎我们的想象，它不仅能给孩子继续前行的勇气，也是孩子感受到父母爱的一种体现。

不幸的是，很多父母本能地不愿使用鼓励的方法，殊不知这就是一种对孩子不负责任的做法。东方人虽然情感含蓄，称赞是不肯轻易出口的，怕表扬了会让孩子骄傲，但这样做却大错特错，一种最成功的教育手段由于我们观念上的误解而被大大忽视了。

在现代家庭中，孩子已经成为家庭的核心。良好的教育方式、温馨的家庭环境、快乐的教育方法、更多的奖励和更少的批评，才是孩子健康成长的基石。

4 不要让孩子成为“冷血人”

近年来，人们的生活水平虽然在提高，可是人与人之间的亲情却变得异常冷淡，出现这种情况归根到底是谁的原因？

许多家长会觉得自己的孩子上小学或初中了，应该要体谅自己，理解作为父母的不易，也希望获得孩子的安慰和认可。但往往事与愿违，孩子不但不表现出关切反而很冷漠。这时家长应该反省自己，是不是经常在孩子面前控制不住情绪。爱是一种和谐的氛围，如果家长在给孩子爱的时候，没有让孩子感觉到这种和谐的氛围，孩子是不能体会到爱的，这种无效的爱便会导致孩子的冷漠。

胡女士和先生要去一趟上海，临走时她和上初三的女儿开玩笑地说："爸妈要出远门，万一我们出意外了，你一个人在家，怎么办啊？"出人意料的是，女儿第一反应是："你们的存折放哪儿了？"听到女儿的回答，胡女士心里一阵难过。

胡女士和先生在上海待了4天，而在这期间，女儿竟然一个电话都没打过来，胡女士既觉得心寒又觉得生气。回家后，胡女士问女儿说："爸爸妈妈这么久不在家，你也不想我们呀？你这样太过分了。"在看小说的女儿头也没抬，随口答了一句："我知道了，下次会注意的。"

胡女士开始反省自己。在女儿小的时候，一次胡女士因为做手术，术后精神抑郁，因此，就让女儿在爷爷家住了几年，小学后胡女士才将女儿接回家里住。之后，胡女士发现每次与女儿交流的时候，女儿经常都不敢跟她对视，眼里似乎藏着一种恐惧。

这件事情发生以后，胡女士开始经常找时间和女儿倾心交谈，很快关系得到了改善。不久前，胡女士发烧，女儿虽然嘴上仍然不说，但脸上已经有了明显的担忧，跑出去给胡女士买药时不小心摔了个跟头，也没有了任何抱怨。

如果孩子害怕与大人对视，说明孩子对大人是存在恐惧心理的，眼神的沟通和交流很重要，通过眼睛的交流能让孩子感受到父母的真诚。

0～6岁这个阶段，是孩子索取爱的阶段，孩子时常会双手向你伸来，表示"妈妈，我要爱"。只有在这个阶段，父母给予孩子足够多的爱，孩子经历了这个阶段后，才会把爱回馈给别人。在这个阶段，孩子会模仿爱，父母如何爱他的，他会模仿并把爱回馈给父母。

7岁以后直到进入青春期，孩子从"我"的世界里走出来，开始去关心父母，关注社会，付出他的爱。如果早期孩子获得了足够多的爱，进入青春期，孩子不会出现逆反，并且与父母之间有情感的流动，在生活中会主动向父母表达爱；父母遇到问题或情绪会安慰父母，理解父母。孩子与家长心有灵犀，彼此能够感同身受，这就是共情能力。

韩女士的儿子从小就很懂事，也会主动关心别人。记得儿子小学四年级暑假和班里同学一起去上海参加夏令营，孩子们回来时韩女士去火车站接儿子，一路上老师和同学们都夸儿子乐于助人，会主动关心同学。

回家以后，韩女士问儿子这次夏令营什么最难忘，儿子咽了一口唾沫，特别回味地说："妈妈，我真的好想再吃一次上海的小笼汤包。"当时韩女士觉得很奇怪，因为韩女士给了足够的钱给儿子，既然他这么爱吃汤包，就可以多买几笼呀。儿子说："当时老师怕我们走散，就自己负责买好吃的分给大家吃，最后剩下一笼包子，其实我真的很想吃，但有个同学比我更想吃，我就把那笼包子让给了那个同学。"听儿子这么说，韩女士真的很欣慰，觉得儿子太懂事了，那时候他才 10 岁，小孩子本来很馋的，但他竟然能够忍住嘴馋，把自己最爱吃的东西让给其他同学，真的难为他了。

还有一次，韩女士生病了，连续发了几天的高烧，一直躺在床上。每次吃饭时，儿子就时不时跑进来，摸摸韩女士的额头，给韩女士量体温，还安慰韩女士说："妈妈，你的额头没那么烫了，应该就快好了哦。妈妈不用担心，等我们吃完饭了就过来喂给你吃。"看到儿子这样体贴，韩女士真的很欣慰。

韩女士觉得儿子之所以这么懂事，其实跟他的成长环境有关。韩女士们一直和孩子的爷爷奶奶住在一起，也经常去其他亲戚家走动，一家人的关系特别和睦融洽。爷爷奶奶从小也会给儿子讲很多真善美的故事，教孩子要做一个乐于助人和受欢迎的人。孩子的爸爸也很乐于助人，邻居家有需要，他都会第一时间去帮忙，有时候儿子也会跟着一起去。韩女士说，家长不要光嘴上教育孩子，还要以自己的实际行动影响孩子，孩子最善于模仿，家长首先应该树立好的榜样。

人间的感情多是两面性的，有了付出才会有回报，孩子出现“冷血”多是受父母教育的影响，所以父母在埋怨孩子的同时也不要忘记多反思下自己的教育方法！

孩子出现任何问题首先都要从教育者身上寻找原因，反省自己是不是经常在孩子面前发脾气、抱怨、争吵等。很多时候，家长要求孩子关心自己，就要先感同身受地把自己放在孩子的位置上思考问题，耐心倾听孩子的一切。

5

提高孩子的自护自救能力

我们身边时常会发现一些我们无法想象到的意外伤害，家长又不能时刻都跟在孩子的身边保护孩子的安全。因此，只有提高孩子自我保护的意识和能力，才是对孩子最负责的表现。

自我保护能力是一个人在社会中保存个体生命的最基本能力之一，为了保证孩子的身心健康和安全，使孩子顺利成长，家长应该从孩子幼年时就加强对他们的自我保护教育，培养和提高孩子的自我保护能力。

溺水、火灾、交通事故、绑架……当这些涉及到公共安全的天灾人祸降临到头上，让孩子掌握一定的自救知识，能使他们在关键时刻脱离危险，保护自己，这应该是每一位家长对孩子负责的一个重要内容。

小娟家庭较为富裕，也因此成为了三名犯罪嫌疑人选定的目标。某一天的下午5点多，三名绑匪携带刀具和手套窜进了小娟家，谎称是小娟爸爸的朋友骗得保姆开门后，进入室内，并

将保姆、小娟妈妈和阿姨捆绑了起来。

他们威胁小娟的妈妈拿出十万现金。不幸的是，就在这时，小娟从学校回到家中也落入了劫匪手中。

面对三名持刀的劫匪，小娟并没有慌张，而是一直寻思如何使一家人被绑的消息让其他人知道。

见到母亲处境危险，小娟突然灵机一动，想到卧室窗外楼下就是小区保安亭。于是小娟以需要做作业为由希望进入卧室，但被劫匪拒绝。接着小娟又吵着天晚了要睡觉，被小娟吵得不耐烦的劫匪同意了小娟的要求。进入卧室后，小娟趁歹徒注意力集中在妈妈、阿姨、保姆身上的时候，分别写了两次纸条，纸条上写着："救命，某幢某号，不是开玩笑，有三个男子要杀我妈妈。"并用双面胶将纸条贴在两个布娃娃身上，全部从窗户抛了出去。

正在小区巡逻的保安见到两个布娃娃从天而降，仔细一看发现报警纸条后，立即报案。四人成功获救。

这个在危险面前镇定自若的女孩，时年15岁。她的母亲说，小娟很小的时候就很有主见，而她的机智与勇敢跟家长平时灌输给她的防护意识也不无关系。因为家境优越，母亲对女儿的安全也会有一些隐忧，所以安全教育抓得较紧。

孩子的安全是家长的责任。安全教育应从细节做起，比如要告诉孩子不要去玩弄燃气灶开关，因为这容易造成漏气，引起火灾或其他事故。如果发生大量漏气，而角阀开关失灵，首先要严格防止各种火种靠近，也不要开关电灯或其他电器设备，而应立即报警外，要尽快设法用塑料布等物强制捆扎阻漏，并请专业人员处理。只有在生活中经常告诉孩子怎么做是安全的，哪些地方需要注意，这样孩子的安全意识才会有很大的改进。

某个夏天的上午，孩子们放暑假的第一天。4个孩子都是亲戚，他们聚在一起，惬意无比地躲在空调房里看电视、玩游戏。4个孩子中，3人为同胞兄妹，一个15岁的姐姐，一对8岁的龙凤胎弟妹，还有一个孩子是他们的堂兄弟。

当天上午 8 时，孩子们的母亲在家里煮绿豆汤，忽然想起还没买菜，就急忙出门。临走前，她关照 15 岁的大女儿 30 分钟后关掉炉火。

可是，9 时 30 分，母亲回家时却发现，屋内的 4 个孩子都昏迷不醒，炉灶上的火，已被溢出的绿豆汤浇灭。4 个孩子在空调房内都煤气中毒。

惊慌失措的母亲赶紧打电话报警，由于救助及时，孩子们都没有生命危险，但事情过去许久，做母亲的还是觉得非常后怕，她为自己的粗心感到内疚。而更令她担心的是，孩子们在面对危险时，竟然没有一丝一毫的警觉！

当时，4 个孩子都闻到了煤气的味道，但谁也没想到要去开窗，也没有人意识到危险正在向他们步步逼近。

培养孩子预防一些突发事件的基本常识，要比时刻陪在孩子身边、无微不至地照顾孩子好得多。提高孩子自我保护的意识，即使家长不在孩子的身边，家长也可以放心地去做自己想做的事情，这才是对孩子负责的最佳做法。

第十二章　对未来负责，享受憧憬的美好与希望

1

对未来负责首先对自己的健康负责

健康对我们而言到底有多重要，相信每个人都知道。有一句话说得好：健康是 1，其他的财富、名望、地位、家庭等都是跟在这个数字后面的若干个 0，有 1 在前面，后面跟的 0 越多，证明你拥有得越多；但如果 1 没有了，即使再多的 0 聚在一起也还是 0，还是空，还是一无所有。

是的，健康是统帅，是前提，是一切的根基。它承载一切又高于一切，它创造一切也能毁灭一切，它是我们每个人一出生就能拥有的无价之宝，为我们带来一切可以跟在它后面的 0；但它不会永远忠诚无悔地跟随你，它会趁你不注意时悄然溜走，空留下一堆无所依附的 0，让人叹息不已。所以我们要珍惜它，留意它，时时刻刻关注它，让它永远伴在我们左右，才能让我们辛苦挣下的 0 有所依附。

有了健康，才拥有幸福的生活；有了健康，才拥有充满阳光的世界；有了健康，才能快乐工作追逐梦想；有了健康，才拥有事业的灿烂与辉煌。健康是福，健康是根，健康是一切的保障。没有健康，便没有了一切，即使挣下再多的 0，也不过让世人多一分感叹！

2006 年 1 月 21 日，上海中发电气（集团）有限公司董事长南民，因患急性脑血栓，抢救无效撒手人寰，年仅 37 岁。又一个如日中天的浙商富豪因健康原因英年早逝，人们的第一感叹几乎都是“又一个王均瑶”。一年多前，南民的老乡、中国企业界风云人物均瑶集团董事长王均瑶，在事业如日中天、人生黄金时段

38 岁之时，因患肠癌英年早逝。

在富豪遍地的浙商圈子里，南民算是一个人物：2005 年胡润富豪榜 351 名，身价约 5 亿元。南民 23 岁成为温州乐清税务局专管员，很快下海经商。1995 年移师上海，1997 年与合作伙伴投资在上海建立自己的工业园区。据悉，南民创业初期就是一个工作狂，曾因过度劳累而在骑摩托车时不慎摔在路上，但他没顾上伤痛，马上又向办公室赶去，投入了工作。近十年来中发电气迅速壮大，2005 年销售额达 20 多亿元，成为上海十大民营企业之一、全国民营企业 500 强。

早在 2004 年南民就已有病状，患有糖尿病、高血压，还经常头晕，但经过治疗没有任何休息，他便马上投入工作，像机器一样投入快速的运作之中。

"不进则退"，这使得很多人紧绷神经，只顾埋头创造财富，等到花开结果时却可能无法享受了。其实，健康的身体不仅仅是享受事业有成喜悦的前提，也是对家庭的未来负责的一种必要。因此，没有了健康不能不说是人生的一大悲剧。

没有健康，一切都是空的、虚的、难言和痛苦的。健康不仅属于个人，也属于家庭、属于社会，是人类创造财富的基本生产力。有健康才有梦想，有健康才有能力实现梦想，有健康才能尽情享受梦想实现的幸福，有健康才能让幸福一直陪伴。

健康是生命的源泉，健康是事业的先决条件，是工作的原动力，更是幸福快乐的基础，是一切财富的统帅。金钱、房子、车子、名誉都是身外之物，只有健康的身体、美好的心情才是我们真正需要的。所以，我们不要以消耗健康为代价去赚取金钱和名利，过度地操劳，无节制地吃喝玩乐，为钱财、名利绞尽脑汁，为不顺心的事郁郁寡欢，不断透支自己的健康，到最后悔之晚矣。

有了健康，才能青春不老、美丽永远；有了健康，才能拥有甜蜜的爱情、美满的婚姻、可爱的孩子、幸福的家庭！健康是一切的前提和保证。

所以，为了我们自己的幸福，为了我们所爱的人，为了我们梦想的一切，为了我们辛苦打拼挣下的无数个完美的“0”，我们要关心自己，爱惜身体，呵护健康，才能承担起家庭未来的责任。

2

提升自己的能力，才能把握住未来

人生需要不断学习和磨练，因为那是自我人生中的第一扇大门，只有不断磨练和学习，才能把握住自己的未来，才能更好地驾驭自己的人生。通过学习，补充自己的不足，不断充实自己，方能抓住有利的时机，创造出奇迹。社会在改变，知识也在不断更新，那些躺在原地睡大觉的人，必定难以把握自己的未来。

在近半年的日子里，海特西北办事处发生了不少的变化。随着中标项目一个个紧锣密鼓的开工，员工们开始变得忙碌起来，办事处也在此时迎来了一位新同事。

这名同事名叫李晓春，主要负责项目管理工作。她人很随和，工作既勤奋又认真，刚来不久就已经和大家打成一片，相处十分融洽，大家都亲切地叫她李姐。

随着工作的深入开展，李姐的工作量日益增加，单是跟供应商询价就已经快让李姐的手机、座机打爆了，随之而来的铺天盖地的表格、数字、型号，让人头晕眼花。

小王也是海特西北办事处的一名员工。当李姐还没有来西北办事处的时候，小王总觉得自己在学校和工作后学到的知识足以驾驭目前的工作，但当项目一个接一个来临的时候，小王还是显得很无力，不是这样工作做不好，就是那样工作没法开展。

而那时的小王只是躺在原地睡大觉。但李姐的到来让小王发生了很大的变化。看到李姐努力的表现，小王也开始很努力地开始学习，不像以前那样被动地等候工作的安排，遇到工作上不懂的问题，会虚心向李姐请教。很快，小王的能力得到了很大的提升，薪水职位也更为优厚了。而更让小王开心的是，看到他的努力，家人脸上的笑容明显多了，女友也开始与他谈论起了婚嫁。

只有永远保持积极向上的心态，才能对家庭对工作对未来负责。人生就是一个需要不断学习的过程，活到老就要学到老。

小洪是老刘曾经带过的一个学生，那时小洪20岁左右，在一家工厂做工。很偶然的机会，在老刘给一些工厂的大孩子们上励志课和销售课的时候，认识了他。

那之后没多久，小洪就从工厂辞职，开始从事业务员的工作。由于他刻苦努力，对人热情，在很短的时间内，业务能力得到了很大的提高。后来，小洪又想去一家销售英文教材的机构做销售人员，可是对方的招聘要求是本科学历，英语四级以上。面试时，小洪只回答了一句话："我拥有超强的学习能力！"

他很顺利地被录取了，并在很短的时间内成为了该机构的销售精英。

之后他的发展一直挺顺利的，目前已经做到某大机构的销售副总裁。

学习，从来都不是一件小事。学习对每个人来说，都不是个简单的志趣习惯问题，而是一种责无旁贷的责任。

中国有一句话：活到老，学到老。这就说明了学习的重要性。我们的一生无时无刻不处于学习之中，而对于学习的目的是什么这个问题，每个人心里都有不同的答案。但通过学习来不断提升自己更是对未来的负责，是每个人心中共有的答案。

3

金钱很重要，但不要沦为它的奴隶

一个人来到世上，要吃要喝，要穿衣，要住房，这是人生存的最基本的条件，要获得这些东西，就得有钱。如果没有钱，就购买不到日常生活用品，就无法维持家庭的正常生活。而人除了生存，还要求发展。生存需要钱，发展更需要钱。钱虽然不是万能的，但是没钱是万万不能的。

一个人自身要接受教育，还要教育子女，这些都需要钱，要交学费。要买书和其他学习用品，没有钱也都行不通。一些贫穷落后的农村孩子，因为没有钱进不了校门；人要结婚，要成家立业，还要赡养父母，这些都要有钱；看电影，看电视，唱歌跳舞，这些也都需要钱；人要参加社交活动，要交朋友，走亲戚，要旅游，出门就要坐车，如果没有钱，就会寸步难行……

苏霍姆林斯基说："只有当财富为人的幸福服务时，它才算作财富。"金钱不等于价值，只有当它为人类幸福服务时，才是最有价值的。文明的社会以足够的钱保证每个人都能确保自己的收入，如此就能知道确保收入是多么重要了，能赚到适当的钱，的确是我们履行责任很重要的因素。

可是我们现在的社会，人们对金钱的欲望急剧膨胀，拜金主义思想泛滥，为了金钱，有的人出卖了人格，疏远了亲友感情，兄弟反目，有人为此贪污、盗窃、抢劫，走上犯罪的道路。有的人甚至因此妻离子散。

有了钱，我们可以提升自己的生活质量、社会地位，但却不能为了得到金钱，而违背道义和良心。俗语说"知足常乐，平安是福"，知足并不意味着让人放弃理想，只是放弃那些不切实际的欲望。如果你的内心每天被金钱的欲望所噬咬而误入歧途，你要怎样对自己的未来负责呢？

世界第一富翁比尔·盖茨资产有几百亿美元，但他平时却很节俭，他请客花费远比中国富豪少。有一次他去开会，嫌贵宾车位收费太贵，就把车停在远处普通车位然后再步行走回来。

有谁知道他一个人捐助的慈善基金超过了200亿美元？印尼海啸捐助了300万美元。他还表示他死后只留一少部分给子女，其余全部捐助给慈善事业。其实世界上很多富豪都是这么做的，也只有这样的富人才是真正的富豪之风，是全世界富豪的榜样。

想要好好生活，就要树立正确的人生观，理性地看待金钱，快乐从容地生活才是幸福的源泉。

拜金主义者就把金钱看得高于一切，用金钱来衡量一切，把金钱财富作为衡量人生价值的最高标准，这样的人显然难以支配自己的人生。

有人用百分比揭示这种拜金主义者为了金钱敢于冒险的心态：一旦有适当的利润，胆就大起来，如果有10%的利润，他就保证到处使用；有20%的利润，他就活跃起来；有50%的利润，他就铤而走险；为了100%的利润，他就敢犯任何罪行，甚至冒杀头的危险。

当商品经济越来越发达、人际交往越来越频繁的时候，金钱的作用会越来越明显，拥有金钱，可以实现个人许多愿望，但金钱同时也是折射你人生观、价值观的一面镜子，它可以折射出一个人的品质、修养。

许多人都把金钱看得至高无上，他们认为世上什么都假，只有钱最过硬，靠得住。他们甘愿做金钱的奴隶。为了钱，他们可以丧失道德品质，可以丧失做人起码的良心，甚至可以丧失做人的尊严。金钱是人们根据商品交换的需要而发明创造的，拥有了钱，就代表着对物质拥有的权力。人们渴望得到越多的金钱，就是渴望对更多物质的占有欲。

然而金钱不是万能的，它终究是一种物质，它是没有精神的，只有人是有思想和灵魂的。千万不要被金钱奴役，保持自己思想与灵魂的完整才能对家庭及自己未来负起责任。

4

脚下暂时无路，心中却不能没数

许多人在职场上都会面临困难和挫折，不管这些困难和挫折对你来说多么难以克服，即使自己脚下暂时没有出路，心中也不能失去方向。

如果你认为自己无能，那你就会对自己失去信心，在工作和生活中变得懦弱，不敢突破心中的“枷锁”。因此，将“无能”两个字从自己的字典里去掉，将自己从“无能”的桎梏中解放出来。在遇到事情的时候，心中有数，寻找到一条稳妥切实的解决之道，努力奋斗，才能走出困境，走向成功，赢得未来。

著名企业家松下幸之助在《开路》一书中这样讲道：“不停地走下去，就能发现新的道路。”这句看似平淡的话语，是松下幸之助对自己人生经验的总结。不管做任何事情，只要能一直做下去，就能将不可能变成可能。

人生就像一场马拉松，如果想让自己跑得更远些，就要对自己永远充满希望。既然身在社会，与家人与同事就是一个团队；既然是一个团队，就要对团队成员永远充满希望。不管遇到什么困难，都不要放弃对未来的希望！

一艘出海已久的轮船在波涛汹涌的大海上不幸触到了暗礁，船体下沉，紧急之中，大副带着9名水手跳上了救生艇。救生艇漫无目的地在大海上漂流着，10天过去了，依然看不到一丝获救的希望。许多水手都感到了一种前所未有的恐惧——对死亡的恐惧。

大副守护着仅有的半壶水，不允许任何人碰它一下。因为，有淡水，就有生还的希望。大副是唯一带枪的人，他用枪口对着

9个随时有可能冲上来抢夺淡水的水手，任凭他们漫骂和咆哮。面对唯一的希望，大副要把这个希望保留下去，这是他的责任。

闹得最凶的是一个秃顶的家伙，他一次次地想冲上来抢走水壶，大副一次次地用枪口对准他的胸膛，最后他只好无可奈何地回到了原来的位置。

大副已经几天没有合过眼了，握枪的手一点点软下去，他清楚地知道，自己只要一放下枪，水手们就会上前抢走水，这样，所有人就失去了唯一赖以生存的希望，大伙都会很快地失去性命。大副感到一种前所未有的责任压在了自己肩上，但他实在有些坚持不下去了，又渴又累的他急中生智，突然把枪塞给了离他最近的秃顶，断断续续地说："请你接替我。"随后，大副由于疲劳跌倒在船舱上。

当他醒来的时候，听到一个声音对他说："来，喝口水。"大副吃力地睁开了眼睛，是秃顶，只见他一只手拿着水壶，另一只手用枪对着其余8个神态疯狂的水手。他紧紧地护住了水壶，大副欣慰地看着他，由衷地笑了。把水推开问道："谢谢，我能坚持得住，但我不明白，你为什么自己没有喝一口水？"

秃顶局促地说："你说过让我接替你，把水守护住是我的责任，这些水也是我的希望，是所有人的未来。我一定要护住它。"

就这样，靠着大家的坚持，也靠着半壶淡水——大家唯一的希望，所有人居然都支持着没有倒下。

两天后，他们终于等来了一艘救援的船。当前来援救的船长从秃顶紧握的手中接过淡水壶时，摇了摇，里面只有小半壶淡水。如果用来解渴，每人一口都不够，幸好，大副运用他的机智，给大家保留了这个希望，对大伙的未来尽了责。

希望是美好的东西，能够激发出神奇的力量，这种力量可以使我们实现目标，完成梦想。正如故事中的大副和秃顶，他们把希望当成了一种责任，一种自己需要担负起来的责任。在最危急的关头，他们都紧紧地看护住了水，也守护住了生存的希望。正是这种强烈的责任感，才让他们最终谁也没有喝一口水，终于在最后等来了救援的船只，获得了解救。

鲁迅先生曾说："用笑脸来迎接悲惨的厄运，用百倍的努力来应付一切的不幸。"他是要告诉我们：心中有数，笑对人生！

心中有希望和目标，就知道自己的方向在哪里；脚下无道路，就能让我们更加清醒，时刻有危机意识。这两项也是对自己认知的一个过程，也是我们对人生必不可少的责任。

有人曾经做过这样一个实验，组织三组人，让他们分别向着八公里以外三个村子行进。第一组人不知道村庄的名字，也不知道村庄有多远，只是告诉他们跟着向导走。

结果，这组人走了不到两公里就开始叫苦不迭，大家开始抱怨，越往后走情绪越低落。

第二组人知道村庄的名字和路，但不知道村庄的方位，他们只能凭借自己的经验估计时间和路。走到一半的时候，大家已经感觉非常累了。一些有经验的人判断说："我们走了大概一半的路了。坚持一下，应该很快就到了。"结果，当走到全程的四分之三时，大家都感到疲惫不堪了。那些有经验的人又鼓舞大家说："前方不远就到了，大家坚持住。"于是，大家又振作起来，继续前行。

第三组人不但知道村庄的名字和方位，而且知道每隔一公里就有一处标志。于是，大家兴奋地走在路上。每看到一公里处的标志，大家都异常兴奋。结果，大家一路情绪高涨，哼着小曲，很快就到达了目的地。

当人有希望和目标的时候，就会有前进的动力，就能将一切困难轻而易举地踩在脚下。因此，即使遭遇困境，脚下无路，心中也要有数，懂得坚持不懈，这样才能肩负起对未来的重责。

下　篇　保持平衡，工作家庭两不误

工作与家庭对于人们来说，似乎永远是个甜蜜的折磨。之所以甜蜜，因为二者都会为我们带来美好的享受；之所以折磨则因为二者之间总是难以保持平衡，厚此薄彼抑或是厚彼薄此都难以让我们幸福。因此只有保持平衡，才能让工作家庭两不误。平衡是员工家庭幸福的保障，工作顺心的基础。

第十三章　努力工作，家庭才能幸福和谐

1

快乐工作，才能享受快乐生活

工作的意义是什么？有些人认为工作只是一种生存的手段，之所以要工作，不过是通过工作赚取报酬。这种人很难从工作中体会到快乐，工作不过是个无休止的无聊之事。每天重复，生命就在这种无可奈何中沉沦，时间就在这种无休止中耗费。

而对另一些人来说，工作则是一种享受，是快乐的源泉，是幸福的保障。工作使人生机遇增加，生活绚丽多姿、回味无穷。就如同诺贝尔物理学奖获得者弗兰克所说："人所需要的不是快乐本身，而是快乐的理由。"工作就是制造快乐的源泉。抱有这种工作态度的人，是充满生活睿智的人，对工作也有最可贵的认知。

中国男足的前主教练米卢就一直倡导"快乐足球"——要求球员把踢球当成一种快乐的享受，用快乐的心态去踢球，那更能让人体会到足球的美好。同样的道理，如果我们都能把工作当成一种快乐的享受，用快乐的心态去工作，那么，没有什么困难不能被克服，没有什么障碍不能被超越。

在工作中遇到挫折时，我们有时会觉得力不从心或者无能为力，因此对工作产生厌烦，进而对生活失去激情，觉得人生不过是一场无聊的游戏。其实那不过是一个借口，或者说是对工作的曲解。罗曼·罗兰曾说："一个人被时代淘汰的最终原因，不是年龄的增大，而是学习激情的下降，工作激情的缺失。"如果一个人对工作失去了兴趣，尽管你的面容青春，但精致妆容下的苍老的心已经不可避免地突现出来，人生自然也少了激情和快乐的意义。

李侠是某商标事务所的所长，在同事的眼里他总是那么精力旺盛，充满自信，谈起话来思路清晰，口齿伶俐。

1991年，李侠大学毕业，1996年进入济南市商标事务所，开始涉足商标事务，从商标代理人做起，1998年升为业务主管。2001年将原所改制为山东千慧商标事务所，任所长，主持全面工作，同年完成山东大学法学院研究生的学习。

说起工作激情，李侠侃侃而谈。刚参加工作时，他被分配在机关，后来主动要求到事业单位商标事务所工作，当时许多人不理解，其实原因很简单：就是希望找到能发挥能力、能让自己有激情的岗位。

李侠是某单位的主管，非常重视自己的个人形象。他说："我必须保持高度的工作热情，因为这种状态是会感染人的，我的一言一行、一举一动都是别人的榜样。对年轻人来说，职场激情也非常重要。态度决定一切，你有积极的工作态度，饱满的工作热情，不管是客户还是上级主管才会愿意把业务交给你，并且愿意与你合作。同时，你积极的工作态度还能感染周围的人，带动整个团队进步，成功的机会就会比别人多。而慵懒的人，整天牢骚满腹的人慢慢就会被淘汰。"因此，李侠在用人上始终坚持：不要学历最高的，而要最合适的，尤其是要态度最积极的。因为，工作中激情的态度，要比学历与专业重要得多。而他的实践也证明了这一点。

因此我们应该用积极的心态去享受工作，不论拥有一份什么样的工作，不论身处什么样的环境，我们都应该用快乐的心态，用良好的情绪来面对，去接受。古人云：既来之则安之。当你一旦有了快乐的心态，工作起来自然更加投入，工作也相应更加完美。工作完美了，生活就快乐了，心态也就更加轻松愉快了。

我们总是被那些在平凡的岗位上做出不平凡成绩的人感动，他们在平凡的工作中永不停息地努力工作，平凡之中显现不平凡，甚至让我们觉得伟大，这都是因为他们热爱着自己的工作，用一种出于内心的、持久的热情来工作，他们这种热爱工作的状态一定也能感染和影响周围的人。

在极其平凡的职业中，在极其普通的岗位上，也时常蕴藏着巨大的机会。只要调动自己全部的智力，全力以赴；只要勤勤恳恳地把自己的工作做得比别人更完美，就能发现机遇，推开通往成功的大门。

张经理是某购物广场的业务部经理，给人的第一感觉就是她很快乐。她说，作为零售管理者，行业之间的竞争越来越大，企业对自身的要求也越来越高，因此压力也随之增加。在这种情况下，保持一种不断进取、不甘落后的信念和积极向上、年轻化的心态就显得特别重要。

根据自己的工作经验，张经理说，工作生活不可能永远一帆风顺，许多不如意的事情随时都可能会出现。但无论你今天的心情如何，你都不能因此而影响了你的工作。在工作中要尽量创造条件让自己变得快乐，从而保持高昂的工作热情。人在愉快轻松的环境中，效率和热情都会很高。

张经理在工作中一直注重自身综合素质的培养。她认为职场工作人员的不断充电对于保持工作热情有很大帮助。因此，她在工作之余，除了积极参加企业的各种培训之外，还经常看一些营销学、管理学、人际关系处理等方面的书籍。

此外，她还表示，对于职场人来说，家庭的幸福与否会直接影响工作的好坏，职业人既要打理家庭，又要拼搏于职场。而只有正确处理好工作和家庭的关系才会免去后顾之忧，从而微笑地面对工作。所以，在工作之余，张经理总会抽出时间来陪伴老人和孩子、体贴丈夫，使他们了解自己的工作，这样，在工作上家人总能和她达成一致。

家庭里弥漫着欢声笑语，没有了负担，张经理每天都能保持一个愉快的心情上班，工作不再是一种负担，热情自然也就有了。

把工作当做享受，其实是一种明智之举。让我们把困难当成磨炼的

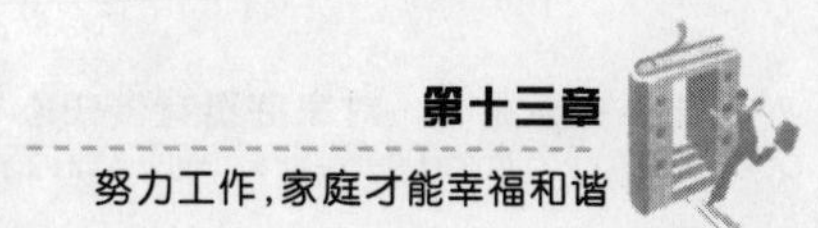

机会，把压力当成一种动力，把烦恼当成思考和探索的媒介，那么我们自然能享受工作，并用快乐、积极的心态去看待身边的人和事，去对待我们的生活。

2

美好的生活源于认真努力的工作

认真工作不仅是一种态度，更是一种责任。工作是生活的基础，是我们赖以为生，独立生存的保障。认真工作，不单是为了企业，还是为了自己、为了家人，为了一切爱我们与我们所爱的人。有了工作，就有了保障，就有了保障幸福的可能。工作能够使我们的生活得到升华，工作能使我们更好地向父母表达孝心，工作能使我们更多地向妻儿表达爱心，工作也能让我们学会担负责任，所以我们要好好工作，好生活就源于好好工作。

很多人最痛恨的一件事，就是工作。因为工作的时候会被太多规章制度所约束，想睡会儿懒觉又担心迟到，想出去旅游又没有假期，肚子饿了又没到下班时间，想打个盹儿上司又总在旁边转悠，所以就觉得上班是一件很痛苦的事情，自然他们就很羡慕那些富家的千金、公子。在他们眼中，豪门阔少与千金小姐，是不用为任何事发愁的，自有他们的上辈替他们安排好一切，每天想上班就去公司转转，不想上班就开着跑车出去声色犬马一番。

其实生活就好像是一碗水，水是清淡而无味的，钱财身家什么的就好比是碗，或者是碗边的花纹，让旁边饮茶的人看着好看，实际上里面装的就是清水。而工作就好像是茶叶，也只有茶叶才能让这碗清水变得有滋有味，闻起来香气扑鼻，喝下去回味无穷。

很多企业都有这样一个口号:“今天工作不努力,明天努力找工作。”很多人都只是在找工作时和找到工作后的初期显得十分勤奋刻苦、事事上心,在常年的工作之后就会显得乏味,不再有高昂的斗志,不再有当初的雄心壮志,继而逐渐退步,整天庸庸碌碌,不期盼有所作为,只希望能尽早下班、尽早放假,正应了那句民谚:“当一天和尚撞一天钟。”这样做所带来的消极性的后果是不可估量的,一个人若没有了上进心,工作上不努力,就不会有创新,工作就不会有成就。

道格拉斯是一位采购员,在来到新公司工作之前,他就花了很长的一段时间,学习和研究怎样使本公司赚钱、用最便宜的价钱把货物买进。他在新公司的采购部门找到一个职位后,就非常勤奋且刻苦地工作,千方百计找供货最便宜的供应商,买进上百种公司急需的货物。

可以说,道格拉斯所干的采购工作也许并不需要特别的专业技术和知识(其他部门提出需要买什么,然后他只要决定到哪儿买就行了),但他兢兢业业地为公司工作,节省了许多资金。他的这些成绩在公司上下是有目共睹的。

在他29岁那年,他为公司节省出的资金已超过80万美元。公司的董事长知道了这件事后,马上就增加了道格拉斯的薪水。后来,他在36岁时就成为了这家公司的副总裁,年薪超过10万美元。

道格拉斯能拥有一个好生活,前提是他能够好好工作。在自己的岗位上尽职尽责,这是每一个员工的义务和责任,但并不是每一个人都能做到。

努力工作,大可以为国,小可以为家。就好像道格拉斯一样,他勤奋刻苦的工作不仅给他带来了升迁加薪的机会,更重要的是他能够将这种品质延续下去,让他的家人有了一个仿效的榜样。在美国如此,中国同样如此。

在中国很多富裕的家庭,孩子的教育始终是家长的一块心病,从小娇生惯养,衣食不缺的生活让他们长大之后顽劣不恭、待人傲慢,继而不务

正业难免误入歧途。小孩一旦出轨，夫妻之间争吵也就来了，家庭也就没有了宁日。

工作是生活的一部分，工作态度左右着你我的生活。努力的工作态度能够创造富裕的生活条件，努力的工作形象则会影响着你的家人，让你拥有一个和谐幸福且美满的家庭。

人是一种群居动物，一个人在社会之中生活工作，必然要与周围的人交际来往，你的言行举止有意无意都会对周围的人产生影响。这就好像我们走在大马路上，如果路面清洁没有一片纸屑，自然大家都不会将手上的食品包装袋扔在路上，但是一旦有人在前面开了头，人们跟着扔了包装袋也就会显得理直气壮了。

一个人要对自己负责，也要对社会负责。而这一切的开端，便是拥有一份稳定的工作，以及一种健康、积极向上的工作心态。好好工作，才能让自己的生活得到升华；好好工作，才能让自己的生活变得更加美好。

3 珍惜手头的工作，让生活更有保障

在日常的工作和生活中，我们要懂得工作机会的来之不易。因此，当我们想要跳槽的时候，当我们想要辞职的时候，都要考虑充分。要知道，工作是我们生活保障的来源！

许多职场人总感觉自己缺少机会，没遇到能发挥能力的平台。他们时常这样问自己："就凭我的能力，做这样平凡的工作，未来有什么希望呢？"

可是，在平凡的职业中，在普通的职位上，往往潜藏着巨大的机会。

只要自己通过辛勤的耕耘，将自己的手头工作做好，做得比别人更完美，更正确，更有成效，就能引起公司领导者的关注，从而获得一个更大的平台去发挥。因此，不管你的工资多么低，职位多么普通，都不要轻视自己的工作，而要带着一颗感恩的心去珍惜你的工作机会。

任何一次工作的机会都是来之不易的，如果你对自己的工作不负责，不懂得主动去工作，不明白工作的意义，那你将会为此付出沉痛的代价。

有五个年轻人，由于对单位的工作环境与待遇现状不满，先后均停薪留职，另谋高就。结果只有一个人闯出了一番事业，其余的四人虽踌躇满志，几年以后都悻悻而归。看着本属于自己的岗位，现在已经被别人占据，表面上虽然故作镇静，但是心里却很不是滋味。曾经，他们都是那么豪情万丈，胸怀远大理想，但是，由于在选择上的不慎重，而造成了一生的遗憾。

市场竞争如大浪淘沙，能真正在市场经济竞争中笑傲江湖的人毕竟是少数，对工作不满，就立刻辞职不干，是对自己不负责任的一种表现。同样，那种四平八稳、不求有功但求无过的工作作风，也是不珍惜工作的表现。

其实，这些人根本就没有意识到，任何一个工作岗位都应该被珍惜。工作能否有价值关键是自己有没有那恒心和毅力去开发它。因此那些不懂得珍惜自己工作的人，往往也得不到工作的珍惜，总是在失意和失业中不断地抱怨着。

要知道，任何一份平凡的工作都是一座丰富的矿藏，每天都有无数人失业，无数人找不到工作，无数人在为一份简单的工作而苦苦寻觅。而就有这样一些人，却放着好好的工作而不懂得去珍惜，这是多么大的一个损失啊！

因此，不要好高骛远，学会脚踏实地，懂得珍惜自己所拥有的工作机会，踏踏实实地将自己的工作做好。只要你拥有一份工作，就要珍惜这来之不易的工作机会，只有将自己的汗水洒在工作岗位上，这样才够能获得更大的进步，为自己争取更大的舞台，让自己的生活有所保障。

任何一个工作机会都好比是一个阶梯，只要把握好手中的机会，你就

能沿着这个阶梯不断攀登，走向心中美好的生活。

4

有效利用工作时间，给家庭更多幸福

列宁这样教导我们，“少说些漂亮话，多做些日常平凡的事情”，但实际生活中还是有很多人只喜欢说漂亮话，不喜欢做实际的事情。

要知道语言不会帮你完成工作，只有行动才能做出实事。那些只知道空谈的人实际上就是在浪费时间。没有付诸实践，说什么都是废话。只有少说多做、脚踏实地的实干家，才能真正地利用时间，做出有意义的事情，才能腾出更多的时间来陪伴家人。

每个人的时间都是相同的，也都是有限的，如果一个人把过多的时间浪费在空谈上，那么他做实事的时间必然就减少了。同时，要完成一件事情的时间就会更长，能够陪伴家人的时间就更少。因此，当你正在大吹大擂某个计划时，不妨先闭上嘴巴，去把计划付诸实践。当你的计划成为现实的时候，不用你去宣传，别人自然就知道了。

一个生活平庸的年轻人感到自己的生活非常乏味，没有什么机遇。于是他就去拜访一位智者，希望智者可以给他指出一条光明之路。

智者问年轻人：“你为什么来这里?”

年轻人回答道：“到现在我都还一事无成，我希望您能为我指出一条道路，让我在这条道路上寻找到自己的价值，取得成就。”

智者摇了摇头说：“我感觉你很富有啊，和别人一样，时间老人也每天在你的‘时间银行’里存下了 86400 秒。”

年轻人无奈地笑了一下说：“那有什么用呢？时间既不能换来一桌美味的饭菜，也不能当成是一种荣誉……”

智者很严肃地打断了他的话，问道：“你难道不觉得时间很珍贵吗？那你可以与去问问那个刚刚错过航班的乘客，一分钟值多少钱？去问问那个刚刚从火灾里被抢救出来的孕妇，一秒钟值多少钱？或者去问问那个刚刚与冠军失之交臂的运动员，一毫秒值多少钱？”

听了智者的话，年轻人忽然豁然开朗。

智者继续说：“只要你能明白时间的价值，去发现一件自己想做的事情，你脚下的路就会变得通畅起来，你也可以更快地与成功靠近。”

听完这个故事，我们不觉喟叹，时间是如此宝贵，宝贵得足够使我们成就一番伟大而超凡的事业与人生。然而，平时我们耗散掉了太多的空闲与零碎时间。如果把这些时间统计起来，我们会惊讶我们竟然如此浪费。所以，一个明智的人，是会不断反思并且精心管理自己的生活的。

在这个世界上，有许许多多的成功者，他们之间有着千差万别，但最大的相同之处就是他们都能够少说空话，多做实事，在所做的事情中抓住了机遇，最终获得了人生的成功。

而在行动的过程中，同一工作不同的人所需花费的时间也会不同，因此将时间做好协调也非常重要。做好组织协调工作是一门学问，还有待我们每个人去好好研究。当然，在协调的过程中，最佳的方式就是懂得借力。

中国服装协会男装委员会委员、中国品牌建设优秀企业家、泉州市西城骆驼服饰有限公司董事长柯夏鸣就是一个借力高手。

他从小喜欢名牌服装，对穿着十分考究，这也促使了他与服装行业的结缘，他 26 岁与人合伙开办服装厂，踏入了服装业。之后他三度向成熟品牌“借壳”、借力 NBA、嫁接 2008 奥运，不断地将自己的事业推向高峰。

1987年，刚刚成家的他，做出了一个让所有人都难以理解的决定：放弃待遇优厚的工作，下海创业，做服装生意。几年后，他的生意已经初具规模。

1992年，他迎来事业发展的第一个高峰。通过朋友的推荐，他与当时在泉州服装行业排名第一的企业达成合作协议，用他公司的生产团队为其贴牌加工。到1993年初，他的员工已经接近300人，每天能生产1000多件服装。1995年底，他又与七匹狼合作，借助七匹狼的品牌优势，利用自身在产品开发、设计和制造上的能力，借壳发展。随着资金实力进一步充裕，他感觉独立运营品牌的时机已经成熟。是贴牌运作还是创牌运营呢？他一时拿不定主意。

此时，正值“拼牌”男装进行授权，柯夏鸣觉得这是一个借力的大好机遇。取得授权后，他马上召开1998年秋冬订货会，并投入100多万元进行宣传。当时的宣传效果非常好，一个月内他就召集全国20多个省份的代理商，开启特许加盟专卖的先河。这一年，他的销售业绩突破8000万元，专卖网络达到400多万。2000年，经销商抢着订货，甚至为订赁发生冲突，此后两年销售业绩一直徘徊在1个亿左右。

2006年8月，当他得知NBA来中国开拓市场的消息，火速飞赴北京和上海与之接洽，并签订一系列合作协议。这一年，他的专卖店发展到900多家，销售业绩也比上年增长50%以上。随着2008年的到来，他继续借力高端体育资源，嫁接2008北京奥运的商机，在全国展开了新一轮进攻狂潮。

试想一下，如果柯夏鸣不是采用借力的方式，而是自己一个人一点一点从零做起，他不可能在这么短的时间内做成现在的成就。所以，借力往往比亲力亲为更有效率、更能成事。并不是说我们要丢掉自主，而是说我们要善于利用外部资源和他人的力量，这样才能大大提高我们做事的效率，这才是聪明者的做法。在企业管理工作中，许多领导者一旦忙碌起来，就恨不得立即长出三头六臂，马上把工作做完。

其实，只要懂得借用他人的力量就可以左右逢源，分身有术。借力是时间管理中的一项重要内容，是一门精妙的管理艺术。作为最常用、最重要的管理技能之一，它受到了许多领导者的重视。善于借助别人的力量，你就获得了双倍的时间。时间就是效率，时间就是金钱。但是如果你学会借助别人力量这种工作方法的话，你就会发现时间胜于效率，时间胜于金钱。

如果你正被千头万绪的工作所打扰，如果你正为缺少时间去赚钱而发愁，如果你正为没有时间陪伴家人而懊恼，那么请尝试借助别人的力量来完成工作吧，它一定会给你带来意想不到的效果，节省大量的时间。

不断改进自己的工作方法，既是一种珍惜时间的行为，也是一种积极向上的表现，总能把这种意识在脑子里强化并能在实际行动中力争上游的人，终究会迎来事业的辉煌，人生的幸福！

第十四章　对家庭负责，工作才能别无牵挂

1

工作不是人生的全部，学会对家庭负责

工作可以满足人们内在的各种需求，生存的资本，价值的体现、人生的意义……工作令我们展现自己的独特性，并使我们感到自身举足轻重的地位。在时时受制于外在事物的限制时，工作让我们体验到控制环境的可能性。

当我们深感无力时，工作带给我们信心，使我们觉得自己有所贡献，生活忙碌而充实。在疏离冷漠的社会里，工作让我们有机会与人联系、彼此亲近。但是，工作只是人生的一部分，绝对不是全部。

工作的目的不仅仅是为了生存，更为重要的是为了给个人的生活赋予意义，增添光彩。不管你是谁，也不管你是做什么的，作为一个人，你人生最重要的意义莫过于保持愉快平和的心理状态，当然还要使你至爱的情侣、牵挂的亲朋快乐。如果你把心思全放在如何完成工作任务上，你就永远不会找到生活的乐趣。除了工作，人生中还要有亲情、爱情、友情、闲适、意趣、爱好……

一位从著名大学毕业的商学博士，为了暂时逃离繁重的工作，来到一个小渔村度假，看见一个渔翁钓了三五条鱼就放下了鱼杆。于是，博士上前对渔夫说："这里鱼那么多，你为什么不多钓几条?"渔夫说："今天我家要吃的鱼我已经钓够了。"博士说："你多钓几条，可以去卖嘛。你将鱼拿到市场上去卖，用卖来的钱去买渔船，这样你可以捞很多的鱼，卖更多的钱。"渔翁说："我

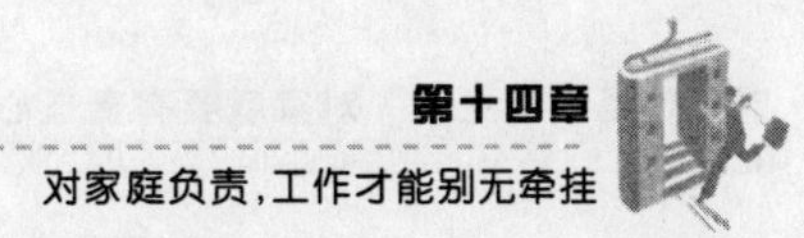

要那么多钱干什么?”博士说:“那你就可以退休,可以想钓鱼就钓鱼,想睡觉就睡觉。”渔夫说:“我现在就是想钓鱼就钓鱼,想睡觉就睡觉,为什么还要你刚才说的那么麻烦呢?”

要使生活过得充实又有意义,并不是什么难题,你也无需急躁。你应学的是协调,做到工作生活两不误。不要因休闲娱乐而耽误工作,也不必做茶饭不事的工作狂。无止境地日夜工作同无休止地追逐玩乐一样不可取。许多事情并非刻不容缓,你只需安排好在适当的时间完成它即可。工作之余,不妨可以学一学古人,发一发“爱秋来时怯,和露摘黄花,带霜烹紫蟹,煮酒烧红叶”的诗兴。

一位公司老总在生意正红火的时候,突然辞了职,一个人跑到美国去进修。有人问他:“为什么呢?放弃你的生意不觉得可惜吗?”他说:“有什么可惜的!人生苦短,做爱做的事,而且要想在有限的一生中比别人活得更好些,就要把人生分成一截一截来过。”他又解释道:“上一截我的主要人生目标是赚钱,现在我认为已经赚够了足以养老的钱,然后这个阶段,也就是今后的五六年,我的主要人生目标就是出国研修、旅游、开眼界,尽享爱情。再往后的一截还没想好,也许会去写书,也许做更大的生意。每一截人生我都认真投入地去做,这样,我的一生会很丰富,也可以尽可能地实现我想要的生活形态。”

他的话可与另一个人的生活经历相映衬。另一位前十年在国外游历闯荡,后来回国找了份工作安定下来。他说:“我觉得真值。上半辈子经历多多,下半辈子陪伴老人,抚养孩子,享受平静生活。”

有时候人们之所以容易迷失和苦恼,是因为想要得到的太多,并且想一下子得到,结果拼命地去做,却把自己局限在了一个狭窄的圈子里而不能自拔,并且经常忘记活在这个世上到底是为了什么,是不是为了工作,还是要充分体验人生?

因此,一个人需要时常提醒自己。人生真谛在于走好每一步路,享受每一份温馨。要学会随时自问“什么才是要紧事”,对你我都大有好处。不妨把这当做每天早晨的例行功课,花上几秒钟问自己这个问题,这样的自我提醒有助于我们直接抓住当务之急。也许你会由此而醒悟:原来除了一大堆所谓的责任,你还有一个选择是生活中最重要的,也是值得你投入最多精力的——陪伴家人,做自己喜欢的事情。

一个常年鏖战于商场的朋友,为了不断拓展的事业而长期在外奔波,忽略了妻子的温柔,忽略了儿子的成长,而他还满心骄傲地以为自己的不辞辛苦让亲人过上了一天强似一天的日子。忽然有一天,积劳成疾的他被送进了医院,诊断结果为癌症。他躺在病床上,望着眼角已爬满细细皱纹的妻子和长得比妈妈还高了的儿子,突然明白自己过去有多傻,多糊涂。优越的物质生活环境又怎能替代亲人相守的天伦之乐呢?他流着泪向妻儿许诺,只要自己病能好,一家人再也不分开,一起去旅游,去三亚看海,去黄山观云雾。

后来经过复查发现系误诊,只不过是良性肿瘤,手术后不久他就出院了。他没有忘记自己的诺言,但公司积压已久的事务亟待他去处理,大大小小的会议等着他去出席。他不由得感叹身不由己。黄山云雾,只有在梦里相见了!

为什么经历了与死神擦肩而过的惊险,还不能抛开种种俗务的纠扰?忙忙碌碌、忧心忡忡的人,为何不问问自己:什么才是真正要紧的?

到底是工作重要还是生活重要?这是现代人最难的判断题,一不小心就会错。但是,显然,工作不是生活的全部,工作只是人生的一部分,缺乏爱与被爱的生活并不完美。或者说,人生的成功自然包含着人人想得到的功成名就,但它并不是最重要的,更不是唯一照亮世界的太阳,人生最重要的是要活得充实、幸福。明白这一点,对于每个整日为工作而奔波劳碌的人都大有必要。他们对于自己从事的工作倾注了无限的精力和时间,因此,无暇亲近可爱的亲人,以至于疏远了彼此生命中最为宝贵的感情。他们并非不需要温馨,他们只是想先把眼下的工作完成,所以他们总是暗示自己:“不要紧,这只是暂时的,等我忙完以后。一切都会恢复正常的,我会轻松平静下来,我将愉悦地陪伴我美丽的妻子和可爱的孩子,现在再坚持一下就行了……”但事实上他们的这种愿望少有实现,旧的问题解决了,又会出现新的问题。他们永远在忙乱中踉跄前行,根本无暇顾及生活和家庭。

对于他们,生活仿佛成了一场永无休止的竞赛,只有竞赛的跑道,却永远没有出口,或找不到出口。他们多年养成的习惯,要求他们不断地接受任务,并完成它。因此,总会有电话等着他们去接,总有某项新工程由他们来策划,总有许多日常工作需要他们来完成。他们的工作就像不断搭乘的一个航班,永远没有终点,只有不断的起飞、降落、换机、起飞……直到有一天,他们醒悟过来:原来工作不是生命的全部啊,生命中还有比工作更重要的,比忙碌更重要的,比名利更重要的,那就是生活。

2 努力工作是为了更好地生活

工作需要努力,但工作并不是单纯地为了努力而努力,或是为了成功而努力,而是为了我们更好地生活。

最开始我们参加工作,大部分人的想法都是要“糊口”,从道理上讲,“糊口”应该是一种前提、一种条件、一个根本。如果一个人连饭都吃不上,却整日想入非非,这岂不令人好笑?因此有的人说“工作就是为了糊口”,这件事并不可耻,但问题是,不能仅只为了“糊口”而工作,如果只是这样,做个乞丐好了!如果你不想这样,那就不应该仅以“糊口”为满足,而是应该努力工作,为了理想、抱负,为了自己生活得更好。

孙振耀这个名字相信大多数人都不陌生,惠普大中华区总裁。就是这样一位在工作领域成绩卓越的成功人士,却也在最近吐出了要关注家庭关注生活的心声：

在惠普(中国)总裁的位置上固然可以吸引很多关注的眼球，但是我太太及较亲近的好友，都知道那不是我追求的，那只是为扮演好这个角色必须尽力做好的地方。

做一个没有名片的人士，虽然只有十多天的时间，但我发现我的脑袋里已经空出很多空间及能量，让我可以静心地为我下一步的新生活做细致的调研及规划。

我预计以两年的时间来完成转轨的准备工作，并且花多点时间与家人共处。这两年的时间我希望拿到飞行执照，拿到管理有关的硕士学位，提升英文的水平，建立新的网络，多认识不同行业的人，保持与大陆的联系。希望两年后，我可以顺利回到大陆去实现我第四个愿望。

毫不意外，在生活上，我发现很多需要调整的地方。

二十多年来，我生活的步调及节奏，几乎完全被公司及工作所左右，不断涌出的紧迫感及任务驱动我每天的安排，一旦离开这样的环境，第一个需要调整的就是要依靠自己的自律及意志力来驱动每天的活动，睡觉睡到自然醒的态度绝对不正确，放松自己，不给事情设定目标及时间表，或者对错失时间目标无所谓，也不正确，没有年度、季度、月及周计划也不正确。

担任高层经理多年，已经养成交待事情的习惯，自己的时间主要花在思考、决策及追踪项目的进展情况，更多是依靠一个庞大的团队来执行具体的事项及秘书来协调处理很多繁琐的事情。

到美国后，很多事情需要打800电话联系，但这些电话很忙，常让你等待很长的时间，当我在等待时，我可以体会以前秘书工作辛苦的地方，但同时也提醒我自己，在这个阶段要改变态度，培养更大的耐性及自己动手做的能力。

生活的内容也要做出很大的调整，多出时间锻炼身体，多出时间关注家人，多出时间关注朋友，多出时间体验不同的休闲活动及飞行，一步步地，希望生活逐步调整到我所期望的轨道上，期待这两年的生活既充实又充满乐趣及意义。

第一个快乐的体验就是准备参加大儿子的订婚礼，那种全心投入，不需担忧工作数字的感觉真好。同时我也租好了公寓，买好了家具及车子，陪家人在周末的时候到郊外玩上一趟，有的地方我去了多次，但这次的体验有所不同，我从心里欣赏到它们的美丽。

但同时我也在加紧调研的工作，为申请大学及飞行学校做准备，这段时间也和在硅谷的朋友及一些风险投资公司见面，了解不同的产业。

我的人生观是“完美的演出来自充分的准备”、“勇于改变自己，适应不断变化的环境，机会将不断出现”、“快乐及有意义的人生来自于实现自己心中的愿望，而非外在的掌声”。

充实的人生从来就不会仅仅因为有了成功的事业而存在。在各大新闻报纸上，我们总能看到各种关于某富翁不幸福，某成功人士觉得生活缺少了点什么的报道。是的，很多事业成功的人士似乎除了努力工作换来了金钱之外，一无所有，所以他们不幸福。相反，能将工作当成生活的一部分的人，即使成就不大但生活得很是幸福。

曾经有一名男子，中学毕业后就到饭店当打杂的，当时也并不是特别喜欢厨师这个工作，但当时除了学厨师不知还有什么工作可做，于是就迷迷糊糊地一直混到当兵。退伍后一时找不到合意的工作，他又回到了原先的本行。眼看已经二十大几了，有了“前进”的压力，于是他为自己立下了一个目标——既然只得去当厨师，那就好好干，得干出点名堂，为了自己以后更好的生活。

从此，他每天工作的目标一下子有了很大的转变，他不再是为了糊口，打发时日，而是为了使自己过上舒适的生活，能生活得更好而努力工作。因此，除了跟饭店厨师学习之外，他还不断收集相关书籍，甚至跟着其他比较有名气的厨师学习。

不到两年，他由打杂人员升为助理厨师，并且很快就闯出了名气，他还自己自创了美味水果沙拉。后来，他向亲戚朋友借了点钱，开了一家属于自己的饭馆，工作惬意，生活也很愉快。

这虽然是一个平淡无奇的故事，但就是这么一个小人物的平凡故事，却证明了一个朴素的真理：努力工作是为了更好的生活。人生下来不能仅仅为了糊口，人得努力工作，工作是为了使自己生活得更好更有意义！

有的人将工作看作是谋生的手段，不去工作就养活不了自己，养活不了一家的老老少少；有的人将工作看作追求理想的过程，认为在工作中不断地拼搏，等到功成名就时，自己的人生价值才得以实现；有的人把工作看作是施展自己才能的舞台，他们愿意把自己的热情全部释放出来，在工作中、在认可中、在赞扬声中找到自己的乐趣；也有的人把工作就当作工作，没有什么特别的，就好像每天要吃饭，每天要睡觉一样，是人活着的必然规律，是一个人必须要做的事情。

五花八门的工作目的，我们也很难说究竟哪个是对的，哪个是错的。从经济学上讲，生产是为生活服务的。也就是今天我们说的工作是为了更好的生活，但这不是生活的全部。当我们的生活已经很富足，不为衣食所忧时，我们应该权衡利弊，审视努力工作是否使自己生活得更好了。工作其实就是一种生活。

3

会生活的人才懂得工作

列宁说："不会休息的人就不会工作。"生活也是一样，如果我们过分地专注于赶路，就会忽略沿途的风景，忽视身边的快乐。

人生不应该只是一场赛跑，而应是一场旅行。所以，千万不要把终点当成我们的目标,而要把更多的目光用在欣赏沿途的风景才对。所以,当我们坐在驶抵目标的列车上时,不应该只是闭眼睡觉,更应该把头扭向窗外,看看沿途的风景。有时候我们应该停下来,在自己最想驻足的地方留连一段时间,仔细领会和体悟风景的美丽,而不是一味地向着终点飞奔。经常听到别人说:"哦,太忙了,没时间!"他们的时间都到哪儿去了,原来是投入到工作和追逐梦想上了,为了实现自己的目标不停地赶路。殊不知,只知道赶路,却不懂得欣赏沿途风景,是多么得不偿失。嗜钱如命的好多人都愿意在赚钱的旅途上适时停下来休息,欣赏生活美景,我们为何不能善待自己,适时停下来放松身心,欣赏风景呢?

一个人成功的相关因素很多,光是把工作做好是绝对不够的。不会休息的人,也很难做好工作;会工作,就一定要会休息。而且要在疲劳之前先休息,这样才能让你精神焕发地享受生活和工作,疲惫和空虚也不会光顾于你。

如果你永不停息地向前奔跑,那是会祸害自己的。只有既懂得为实现梦想积极赶路,又懂得经常让自己停下来休息,才能游刃有余地处理好各种事情,充分地享受一个丰富的人生。

人们常在思考一个问题,那就是家的含义。有人说,当你遭遇风雨时,家便成了一个温暖的避风港,也有人说,家是爱的小屋,家是心灵的港湾,家是我们每个人都想拥有的地方;还有人说,家是吃饭最香、睡觉最甜的地方,是我们生活必需的据点,只有一家人在一起吃饭的地方,才能够称之为家……

不难发现,无论怎样来界定家的含义,有一点都是共同的——家,应该是我们累了想休息的地方。

因此,我们不能把工作这本应该在办公室完成的事带回家,更不能是身躯在家,大脑还在办公室。这样的行为是对"家"的忽视。在家里,你不再是什么设计师、总经理,你只是普通的家庭一员,一位丈夫或是父亲,或是妻子……工作中的角色在办公室里才会得到更好的诠释,在家里并不适用。

据不完全统计,不管在东方还是在西方,"工作狂"的数量都在与日俱增。美国的工作狂在过去的十年里增加了五成，日本达到七成，而中国也至少四成。

日本、中国等许多国家的老词典还把“工作狂”列为褒义词，或者中性词。很多企业老板或公司领导还误以为“工作狂”的忘我精神会创造巨大效益，是其他员工学习的榜样，成了工作的骨干。

但工作狂有时是一种病态心理。在日常的工作生活中，我们要时刻关注自己的心理健康，千万不要演变成“工作狂”的病态心理。为了杜绝此类问题，我们可以在以下几个方面加以注意：

(1)享受生活瞬间的乐趣。

(2)忘记最喜欢的口头语。例如“我之所以不停地做事，全是为了孩子、妻子以及父母生活得更好”等。

(3)调节自己的认知。有这样症状的人往往具有很强的事业心和责任感。所以，要降低对自己的要求和期望值，不再把工作视为自己人生价值的唯一体现，在发展事业的同时，也要注意事业与家庭之间的平衡。

(4)要有意识地减轻工作压力。

(5)要注意劳逸结合。培养一些与工作不搭界的业余爱好，在 8 小时之外给自己安排一些有益的活动。

太多的人没时间回家吃饭，即使回家也没时间休息，还是继续工作。这是一个误区，越来越多的人在这样的误区中迷失了自己人生的方向，也因此失去了人生美好的意义。

是的，你很努力地工作，你想让妻儿老小过上好日子，可是在你一味地忙工作的同时，你已经把自己所有的时间都投入进去了，甚至占用了家庭生活的全部时间。这难道不是一种悲哀吗？

在职场，我们要成为生龙活虎的员工；回到家里，我们就要承担起在家庭中的角色，做一个好父亲、好母亲、好儿子、好儿媳。

从现在开始，调整好自己的工作与家庭的关系，让自己能够在快乐中工作，在轻松中度过每一天吧。

4

对家庭负责，工作更安心

在我们的周围，不难遇到这样的人：他们每天工作超过10小时，脑子里从来没有周末、节假日的概念；他们基本不会有上下班的界限，家是一个有床的办公地点，而办公室，随时可以成为工作没有完成时躺倒睡觉的"家"；偶尔陪家人朋友散心逛街，他们也多半是人在心不在，脑子里念念不忘的还是工作……

对于工作，他们可以说是已经到了一种痴迷状态，一旦离开了工作，就会精神颓萎，毫无生气，陷入无所事事的状态。在他们看来，工作就是生活，生活就是工作。

然而，环顾左右，看看我们身边，有多少家庭不是因为工作的缘由而导致家庭的危机？难道我们就这样默然？

《财星杂志》曾有一篇标题为"为什么评分得A的主管却是评分得F的父母"的封面故事：据观察，成功主管的子女比较可能发生情绪与健康问题。譬如密歇根大学的一项研究发现，在同一家公司，主管的子女每年有36%接受精神异常或滥用药物的治疗，非主管的子女只有15%。报告中又指出，主管长时间工作与个人特质(完美主义、没有耐心、讲求效率)是危害问题子女的元凶，并忠告精力充沛、对人要求甚苛的管理者，需要学习如何不伤害子女的自尊与自信。然而，有趣的是，报告中并未提及为什么主管有效管理组织的方式，对于身为父母的角色却毫无帮助？似乎该文作者也和我们大多数人一样，完全接受了工作与家庭生活互相冲突是不可避免的事实，而人所处的工作环境和组织，对于改善工作与家庭的不均衡状态完全未扮演任何角色。

近年来，在员工自我超越训练课程的学员之中，对工作与家庭课题的关切显著增加。“如何对家庭负责，让工作更加安心”，也成为大部分学员排在第一优先的课题。

无可否认的是，传统的组织会促成工作与家庭之间的冲突。有些是由于个人为了成就事业，愿为工作而牺牲；有些则是由于工作上的需求与压力，无可避免地使家庭和工作的时间分配上发生冲突。这些工作上的需求包括出差、晚餐会议、早餐汇报、周末外训，甚至习惯性的长时间滞留在公司。那些压力则主要起于组织的眼光狭窄，将个人的目标完全排除在外：组织的目标就是一切，而不去衡量组织目标对个人或家庭造成的损失。

面对快速变化的社会，组织对员工的工作要求也随之增加，一开始因为工作忙碌的关系，要处理一些所谓的紧急事件，在不知不觉中，加班的次数不知为何愈来愈多，工作似乎愈来愈忙，加班也愈来愈多，因而使家庭关系就愈来愈恶化，最后使得回家成为一件痛苦的事，工作也愈来愈不能安心。

用心选择会使我们将设定在家庭的时间，视为明确的人生目标。譬如，你晚上几点回家？晚餐会议将如何安排？周末将如何安排？

在过去，男人工作而女人留在家庭养育子女。今天，在管理人士的家庭里，父母之中有一位留在家里的，只占 51.5%，有 28%的家庭父母都在工作或是单亲家庭。父母都不在家的家庭所占的百分比则继续在上升。

工作与家庭之间的冲突，不仅是一项时间的冲突，也是价值观的冲突。主管在权威组织中学到的所有习惯，正是使他们无法有效地为人父母的那些习惯。已经习惯在办公室撕破别人自尊的主管，在家里如何能建立子女的自尊呢？一方面，扮演好父母亲的角色有助于成为善于学习的管理者，另一方面，善于学习的管理者也是为人父母的良好准备。如果这一价值观能够与大家的核心价值观相互调和，这些价值观就对工作和家庭具有同样的意义，工作与家庭之间的冲突也将大为减少。唯有如此，才能真正工作顺心，家庭暖心，自己安心。

第十五章　找到平衡点，工作更顺心，家庭更幸福

1

事业与家庭同样重要

直白地说，家是人们坚强固守的堡垒，事业是人们支撑家庭消费的最基本的谋生手段，因此，家庭与事业一样重要！

没有事业的人生是空白的，而没有家庭的人生则会给人留下一生的遗憾！事业是温馨家庭的基础，是家庭的保障。没有事业，就没有真正幸福的家庭；没有良好的事业基础，就没有家庭的必要的物质基础；没有良好的事业心，就没有高尚的责任心。事业有成，必然物质丰富，如此就能促进生活质量地提高，生活质量提高了，也就促进家庭和睦。

然而，很多时候，现实生活中出现的种种状况却让我们不得不怀疑，我们真的能做到既保全事业又照顾家庭吗？

王红今年34岁了，就职于一家跨国公司，现任某区域的营销总监。因为年龄的关系，周围很多亲戚朋友都建议王红赶紧要个孩子，但是，王红却是纠结万分，犹豫不决。王红的先生比王红大3岁，也非常渴望能拥有一个自己的小孩。当然，王红并不是不喜欢小孩，只是刚刚上任区域营销总监，在工作中还没有站稳脚跟，王红觉得如果在这时候选择怀孕，显然不是一个好的时机。而且，她也亲眼目睹了一些很好的朋友因为怀孕而被迫调换到普通的岗位，最后不得不黯然辞职的经历。王红的上司也曾说，女人一旦生了孩子，在职场上基本就属于“废人”了，因为他们不会全身心地投入工作。因此，王红担忧不已，害怕自己

一旦开始做妈妈，就不能够顺利回归职场，难道事业与家庭就不能两全吗？

在与朋友的聊天中，王红更是说出了这样一番话："对于我们这样身居要职的职场女人，生还是不生，不是个选择题，而是一本账，因为机会成本也许会很高。"

是的，事业很重要，家庭也难以弃舍，两者都是同样重要，但是，我们又不得不经常面对这样的取舍问题。那么，怎样做才能做到事业家庭两不误呢？

做好人生规划对每个人都很重要。繁衍后代对于整个人类来说都是一件非常重要的事情，尤其是对于女人来说，更是一生中最重要的决定。而且生育以后至孩子三岁以前，母亲的关爱对于孩子一生的成长都非常重要，与此同时这一时期也是女性从女孩到一名母亲的心态转变过程。因此在这段时间内，职业女性必须逐步适应角色的转换，掌握兼顾家庭与事业的技巧，这对于女性一生的美满生活都是一个非常重要的基础，顺利完成这一任务，职业女性将进入人生的黄金时期。

如上述案例中的王红已经到了最佳生理条件的边缘，随着年龄的增长，尤其是过了三十五岁以后，生育风险将显著提高。更为重要的是，家人的建议也应该充分重视，经营家庭与经营事业同样重要，如果因此而引发了家庭矛盾，那将得不偿失。而就事业的影响而言，现在看来区域总监是很好的工作岗位，但将来还可能有全国、甚至亚太区总监等等各种机会，如果到那时再生育，机会成本岂不是更大。

因此，做好事业与家庭之间的规划与平衡，非常重要。第一，做好职业规划。分析自己过去的优势与资源积累，寻找一种可以让自己保持职业素养与专业曝光率，为职业回归积聚能量，又能照顾到家庭的途径。第二，做好心理准备。当家庭各方面的压力迎面而来时，相信自己，只要保持职业能力，就会拥有良好的职业竞争力。

谢欣是做系统工程的，需要熟悉产品的设计流程、工程管理，需要在最短的时间里翻译技术报告、验收资料，随时根据产品生产进展取得第一手资料并规划系统流程图。每一项工作的完成都能给她带来成功的喜悦。

谢欣的先生在国家机关工作，在他所负责的项目里做技术管理。他聪明能干，工作对他来说已经成为“小菜一碟”，只是出差和加班却是家常便饭。

两人结婚后，最初的生活紧张而有序。难得相聚一起的时间里，乐此不疲地分担着每一件必需做的琐事。工作富有挑战性，时常有新的突破和进展，这是两人聊得最多的话题。他们一起憧憬着，盼望着，相信生活将加倍回报昨天的付出。

就在谢欣经过无数次思想斗争，决定放弃考研的那个春天，女儿款款走来。孩子的到来打破了两人所有的平衡，工作和家庭。在最初的日子里，毫无经验的他们几乎每天都是跌爬滚打着走了过来，也因此不得不时常请假，应付随时发生的纷扰。规律的作息时间和旺盛的精力，开始趋于疲于应付的状态。

“我的薪水虽然不高，养家糊口是毫无问题的。”先生经常体贴地征询谢欣的意见。于是，谢欣向部门主管请了一段长假，全职母亲一样沉浸在家庭琐事之中。然而，谢欣并没有得到想象中的快乐，她仍然钟爱着四年里熟悉的专业，失去了通过努力工作得到认可后的成就感。

找到了问题的症结，谢欣很快重新回到了熟悉的工作岗位。只是，她开始重新调整自己的坐标，抛弃了不切实际的幻想，更多地承担起了家庭的责任，放弃了进修和深造的机会，但在可能的情况下，她仍会加快前行的脚步。在压力中享受弹性和动感的生活，谢欣渐渐感受到了工作与生活平衡所带来的快乐。

没有家庭的人生是不完整的，而没有事业的人生又是苍白无力的。家庭和事业同等重要，应是平等的，相辅相成的。事业是基础，家庭是港湾。事业，是人们追求物质的基础；家庭，是人们疲惫时休憩的港湾。只有事业，不算真正的成功，因为无人与你分享；只有家庭而没有事业也不算真正的幸福，因为缺乏个人价值！没有了事业，家庭相对来说也不会有稳定的经济基础，而失去了应有的物质基础，家自然也就没有了幸福与安全感。

2

事业与家庭保持平衡是人生幸福的保障

最近，一个新的声音越来越大，“平衡”成了时尚人士关注的焦点。是不是事业成功就可以掩盖掉你付出的所有代价？究竟是一边倒地打拼生活，还是平稳上升的美满生活更值得羡慕？

答案不一，但不可置疑的是，越来越多的人在选择后者，在努力寻找工作和生活的平衡、事业和家庭的平衡、外界和自我的平衡。

在艾玛眼里，她的女上司戴维斯备受上天的眷顾。同为70后的女生，她们的发展却是大相径庭。戴维斯不但人长得漂亮，而且在公司以能力强、效率高、协调能力好著称，人际关系也好，在公司总是左右逢源，深受公司的重视，是典型的事业和家庭双丰收的女强人。而艾玛却很早就定下了做职业经理人的目标，坚决不恋，不婚。平时她一心扑在工作上，同事们的娱乐活动她也极少参加。但是她多年的努力并没得到相应的回报，她发现自己在协调各个部门的能力和处理人际关系方面都比戴维斯相差甚远，工作效率也没有她高。正因如此，每年公司在挑选人选晋升时，艾玛总是在综合评价方面得分偏低，结果一再与晋升机会失之交臂。而自己的生活也因整日奔波，多年的朋友逐渐疏远，感情也一片空白，境况甚为堪忧。

缺少平衡力是大部分人在职场上止步不前的重要原因。平衡力是一个人综合能力的体现，包括时间的管理能力、与别人相处的能力、做事的方法、平衡自己生活和事业的能力以及将这些因素和谐融合在一起的能力。它就如人体的钙质。人体缺了钙，会骨质疏松，腰酸背痛，走路也会颤颤悠悠。而职场失去平衡力，就会像艾玛那样，毕其功于一役但最终全军覆没。

很多人的职场焦虑和失败首先来自于错误的目标需求，抱有“因为别人有我也要有”的错误心态。其次，不能以单一的目标，作为生活的最终目标。再次，生活就是职场的“照妖镜”，很多阻碍职场发展的不良习惯都来自生活，多留意生活的细节，便可锻炼我们的平衡能力。第四，必须养成规划生活和管理时间的习惯。第五，学习平衡人际关系的能力。除了找个好导师外，还可以多阅读职场类的书籍。第六，养成每天记录自己职场事件日志的习惯，来提高自己对事物的认识和提高平衡事情的能力。

那么，一般的职场人士都是怎样保持自己工作与生活的平衡的呢？下面，我们来听听一个女职员的心声：

> 事实上，对于任何人来说，事业和家庭双丰收才是最为理想的状态。一个女人的成功不是事业而是家庭，或者已成为中国人的共识。如果叫我选择，一定是要家庭不要事业，可是很难有这个机会给我选。
>
> 要做我老公的人如果事业上不如我，除非他是个非常想得开的人，否则会很有压力。如果他喜欢的正是因为我会赚钱，我又觉得这样的男人没出息，也不会考虑他。只有彼此事业相当或者他更加成功，两个人之间才能真正平等，可是这样的人我相信更希望找一个传统型相夫教子的老婆。
>
> 像我前面说的，有些选择其实不是自己作的，是环境和命运帮你作的选择。我一直太好强，对真心对自己的人没有珍惜，为了所谓理想放弃了太多，才会到今天依旧没有得到自己想要的美满家庭和婚姻。
>
> 现在的男友事业上一般般，但他很宽容。我升职加薪他只会为我高兴，不会去想我们的差距。在他面前，女人只是女人，大事还是得听他的，偶尔带点办公室的口吻跟他讲话还要被他学舌，这正是我最喜欢的感觉。男人最重要的是自信，跟收入无关。女人最希望被爱因为自己是女人，而不是因为能干。这是我个人对工作生活的看法，但身边每个人的观点都有所不同。

常有人因为和家人闹矛盾,不甚烦恼,因此免不了上班时心神不定,在工作中造成不必要的麻烦,这样的现象是不容忽视的。因此,正确处理工作与生活的关系非常重要。首先,我们应有高度的责任感。当然,我们更要强调员工自己的修养,所谓"扬汤止沸,不如釜底抽薪",在遇到与家人发生矛盾时能一定要从容地认清问题、解决问题,尽量避免矛盾的产生。

3 张弛有度,工作更高效,生活更轻松

人们常说:"在人生的旅途上,别忘了驻足片刻,欣赏路边绽放的玫瑰。"但现代人忙碌得如陀螺打转,又有多少人曾放慢脚步,注意身旁美好的事物呢?现在,大多数人已经不再成其为生活的人,已经变成了工作的机器。

下班后,带着一身的疲惫回到家中,不是躺下休息片刻,而是立即打开电视查看股市信息,拿起话筒与人通话谈论第二天的工作安排,翻书开始阅读,或是开始打扫卫生……我们真的是害怕"浪费掉"哪怕只是一分钟的时间,似乎时间并不属于自己,我们似乎总是在为将来而生活,为幻想中的美好前景而生活。

但是,一个人如果神经总是绷得很紧,就会觉得日子平淡乏味,并且很容易产生"疲劳综合症"。因此,人生既需要努力拼搏,也需要善于休息和娱乐,学会享受生活,从而在平淡的日子里产生出一种不平淡的感觉。

美国东部拉克拉小镇上,人们的生活方式就是这样的:他们很少有事"去做",并会对你说:"无事可做对你有好处!"你可能会认为主人是在跟你开玩笑。“我为什么要空耗时间，选择无聊呢?”但主人却很认真地告诉你：如果你能给自己分出一点闲暇，花上一个小时或短一点的时间什么事都不做不想，你将不会感到无聊与空虚，你会体会到生活的轻松愉悦。也许开始时你很不习惯——毕竟你是忙惯了的人，如同一个生活在大工业城市的人初到山林时会对新鲜空气很不适应一样，但只要坚持做下去，就能体会到放松身心的好处。

在我们生活的这个世界上，确实有许多美丽可爱之处值得我们发现和欣赏。北宋时期著名学者程颢在《春日偶成》诗中写道：“云淡风轻近午天，傍花随柳过前川。时人不识余心乐，将谓偷闲学少年。”在云淡风轻，晴朗和煦的春天，时值正午，诗人信步走到了小河边：田野里、河岸边，一簇簇的野花沐浴着春日的阳光，灿烂盛放；河边的垂柳更是在春风里轻柔地摇摆着。旁人看到诗人这么悠闲，还以为诗人聊发了少年狂，像年轻人那样贪图玩乐呢！哪里知道诗人此时此刻心情的惬意恬静呢？此时此刻，春天大自然的明丽柔美，与诗人自得其乐的闲适心情，有机地融为一体。

当然，这样做的目的不是为了偷懒，而是为了学会一种生活的艺术——忙里偷闲，享受生活。做到这一点无需探寻任何技巧，我们随时随地都可以做到，只要允许自己偶尔忙里偷闲，然后有意识地坐下来，停止手中的工作就可以了。

弗兰克是个商人，赚了几百万美元。虽然他在事业上十分成功，但却一直未学会如何放松自己。他神经紧张，并且把工作中的紧张气氛从办公室带回了家里。

弗兰克刚刚下班，回到家里，走进餐厅，餐厅中的家具十分华丽，但他根本没去注意它们。弗兰克在餐桌前坐下来，但十分烦躁，于是他又站了起来，在房间里走来走去，还差点被椅子绊倒。

一名佣人把晚餐端上来后，他很快地把食物一一吞下。吃完晚餐后，弗兰克立即起身走进起居室。起居室装饰得十分华

丽：有一个长而漂亮的沙发、一张古典的真皮椅子，地上铺着高级地毯，墙上挂着名画。他把自己投进一张椅子中，几乎在同一时刻拿起一份报纸。他匆忙地翻了几页，急急瞄了瞄大字标题，然后，把报纸丢到地上，拿起一根雪茄，点燃后吸了两口，便把它放到烟灰缸上。

弗兰克不知道自己该干什么。他突然跳起来，走到电视机前想看电视。等到影像出现时，他又很不耐烦地把电视机关掉。他大步走到客厅的衣架前，抓起帽子和外衣，走到屋外散步去了。

弗兰克这样子已有很多次了。他生活富足，没有经济上的顾虑，事事都有佣人服侍——但他就是无法放松心情。为了争取财富与地位，他已经付出他的全部精力，然而可悲的是，在赚钱的过程中，他却迷失了自己。

有紧张就必须要有放松。作为职场人，你应该学会在适当的时候放下工作，轻松一会儿，在紧张的生活中学会松弛自己的神经。只要你能在繁忙的世界中过得轻松愉快，你就是一个幸运者——你将会幸福无比。

放松就是逐渐地松弛紧张，如此简单。人们好比是用钥匙上着发条的旧式机械玩具，压迫感促使我们背部的发条逐渐锁紧。我们唯有借放松来松弛发条以减少压迫感。更进一步而言，仿佛玩具一般，我们也需要一些动力的驱策来运作。但假使所施动力过大，我们便会有因趋近极限点，而有断裂的危险。不过我们与玩具之间至少有一个重要的不同点：我们可以停止紧张的累积，并且可以随时随地决定松弛紧张。

一张一弛，文武之道。而工作和生活也是一样，需要张弛有度。这样，工作才能更高效，生活才能更轻松。

4

找到平衡点，工作更顺心，家庭更幸福

平衡是生活的智慧，更是幸福的秘诀。工作和生活，不能平衡就会顾此失彼，偏颇不公，不是工作大打折扣，就是生活不如人意。

现在，追求工作和生活平衡已成为越来越多上班族的目标。对他们来说，工作不再是第一位的，改善生活质量与事业发展同样重要。

约翰曾经是这样生活的：早上 6 点，在家里发送 E-mail 并回复留言电话；7 点半，准时到达办公室；傍晚 7 点，抽空与妻子共进晚餐，然后加班至晚上 10 点或者 11 点。

约翰从医学院毕业之后，曾有 15 年愉快的工作经历，直到进入公司担任高层领导职务，一切才发生了变化。进入公司之初，约翰没有预料到这个职务会受到全公司各个层面的冲击。董事成员对他的怀疑态度，医院里医生对他的挑剔眼光，都在摧残着约翰的心灵，让他感到前所未有的压力。他的生活也因此充斥着一些没完没了的紧张会议和大量的往来邮件，逐渐失去以往的光彩。约翰的 4 个儿子也慢慢习惯了没有父亲陪伴的日子。

一年之后，约翰的精神已经达到了崩溃的极限。要知道，在过去的 4 年中，约翰为了得到公司领导的认可，每天躺在床上，脑海中就不停回放白天的工作场景，根本不能静心休息。在办公室里，约翰总是有失常态地将烦躁情绪“蔓延”到与同事的日常交流中。同事们很奇怪以前那个张弛有度、和蔼可亲的“最初的约翰”发生了什么问题。最后，他在一个早晨终于清醒了，他意识到再也不能这样生活了。

当他说明想法，老板非常慷慨地给了他3个月的长假，约翰利用这段时间学习缓解压力的方法，调整自己，重新审视生活。经历过痛苦的蜕变之后，约翰终于找回了自我，找回了生活，认识到了生活和工作同等重要，不能因为工作而忽视生活。

在接下来的工作中，约翰重新找回了对工作的热情，成功地在他的职业与私人生活之间实现了健康的平衡。

你会因为工作中的困难和压力感到焦虑不安，并将这种情绪带到生活中去吗？实际上，工作是工作，生活是生活，你丝毫没有必要将工作中的情绪进一步延伸到生活中去，而应该学会自我调整自我放松，排除自己的压力和烦恼。

2002年，小叶在武汉某大学机械专业毕业后，来到广东一家企业谋得了一份工程师的工作，每月底薪1500元，加上加班费和各种补贴，每月收入也在2000元以上。但加班的时间一长，小叶开始觉得浑身不自在，所以工作一直很郁闷。回到宿舍看着哪个室友都不顺眼，总想对他们发脾气。想了想，再这样下去也不是办法，于是，一年后小叶很坚决地选择了辞职离开。

辞职后，小叶回到武汉，应聘到一家物业公司任主管，管理几名保安和保洁员。每天没有太具体的工作，非常清闲，而且月薪在当地也不算太低，每月1700元。可没过多久，小叶又觉得整天无所事事太清闲，而且眼看着结婚的年龄到了，总不能让老婆跟着自己受苦吧。看到高中同学做医药的推销员，工资每月能拿到三四千，于是又跳槽到医药公司做销售代表。

又一年之后，小叶成了家，压力也随之增大。也许是他把销售工作想得太简单了，所以面临业绩考核的挑战时，他总觉得太辛苦、压力太大。业绩做不上去，小叶只好又跳槽到另外一家公司做销售员。

再次跳槽后的小叶月薪虽然有千余元，但是因为交通、吃饭等开销大，一个月下来根本没有节余。一直工作并不顺心的他开始将脾气撒向了家人，老婆几度哭泣着要闹离婚，这让小叶更加心神不宁起来。于是，他决定放自己一段时间的假，好好思考自己到底怎么是哪里出了错。

对工作的挑三拣四让小叶的工作越来越糟，心情也越来越坏；而更糟糕的是，他还将工作中的糟糕心情带进了家庭和生活。这样的恶性循环让他的工作与生活变得越来越糟糕，没有了顺心的工作，没有了温馨的生活，更没有了应有的平衡。倘若小叶在第一份工作时就懂得控制好自己的情绪，不将坏情绪发泄至室友身上，懂得工作与生活的平衡首先就要将工作与生活分区管理，他或许就不用像现在这么迷茫，而将工作与生活弄得一团糟。

时间需要平衡，空间需要平衡，阴与阳，进与退，亏与盈，好与坏，成与败，都需要平衡。生活的艺术就是平衡的艺术。

不管你对于工作与生活的平衡有怎样的看法，只要你对工作有高度的事业心，兢兢业业做好自己的工作；对家庭有高度的责任心，倾尽一切呵护好家庭，即让工作顺心又让家庭温馨，那么，你就找到了工作与生活的平衡点，工作便能顺心如意，家庭便能幸福美满。